动物的家超有趣！

铃木守的109种动物巢穴大揭秘

[日] 铃木守 著

黄文娟 译

中国青年出版社

"美丽的造型带来结构上的稳定，
而结构则须师法自然。"

——安东尼奥·高迪（1852—1926）

前言

  在这本书里，我们会介绍许多种动物建造的巢穴。说起巢穴，首先一定会联想到鸟类，但是不只有鸟类会建造巢穴，昆虫、哺乳动物、爬行动物以及不可思议的深海动物，它们都会建造巢穴。而且无论哪种巢穴，都建得令人赞叹不已。

  大象和马不会建造巢穴，它们一出生就要立刻学会走路。相对地，同属哺乳动物的鼹鼠和穴兔刚出生时身上没有毛，眼睛也看不见，因此就必须为这样娇弱的动物先挖好一个洞穴，让弱小的生命能够安全茁壮地成长。鼹鼠一直生活在地洞里，所以洞穴就成了它的生活空间。大多数鸟巢在雏鸟离巢后就被废弃了。至于昆虫，有些是一辈子都生活在巢穴中，还有些是孵化后就离开了。

  本书并不专门区分暂时性巢穴和永久性巢穴，而是从较广的层面来介绍各种动物建造的巢穴和结构。

  在地球这个多样化的环境中，对各种动物来说，繁衍生命并培育成长是最重要的事，所以不用教，它们本能地就会建造巢穴。当我们了解巢穴，也就会随之了解生命及其生活的环境。"建造"巢穴，不就是教导我们如何"生存"吗？

铃木守

关于本书

本书介绍了多种动物建造的共 109 种不同的巢穴及材料。
下方是每页的编排说明。

主图
描绘了巢穴的外观和筑巢的动物。

图解
展示巢穴的内部构造和大小。

动物简介
介绍筑巢动物的名字、分类、大小、分布区等。

筑巢的方法
介绍筑巢的方法和步骤。

其他
介绍关于这种动物的各类话题。

接下来，就让我们来看看不同动物的各种巢穴吧。

这是什么东西啊？

这个巨大的枯草堆，
大小好像有10米左右，
下面还有很多巢孔。

是谁，为什么而建造了这样的东西？

其实，这是鸟巢

这是在非洲沙漠地带生活的群织雀的鸟巢。巨大的鸟巢能容纳数百只群织雀居住，宛如一个巨大的集体宿舍。

独立的单个鸟巢

通常情况下，鸟巢在抚养幼鸟结束后就不再使用了。
但是群织雀整年都会住在这个巨大的鸟巢中。
鸟巢每年会增筑，于是就变得越来越大。它们不是亲子两代居住，而是所有亲属都住在同一座"公寓"里。

动物简介

群织雀

Philetairus socius

织雀科 群织雀属

英文名：Sociable Weaver

全长：14厘米

分布区：非洲中南部

它们与我们熟悉的麻雀近缘，属于用枯草等来编织鸟巢的织雀。一般的织雀建造出来的鸟巢，大多是从树枝上垂下来的袋状巢。群织雀建造出来的巢，就像是个巨大的集体宿舍。

宽约9米，高约2.5米（巨大的鸟巢）。

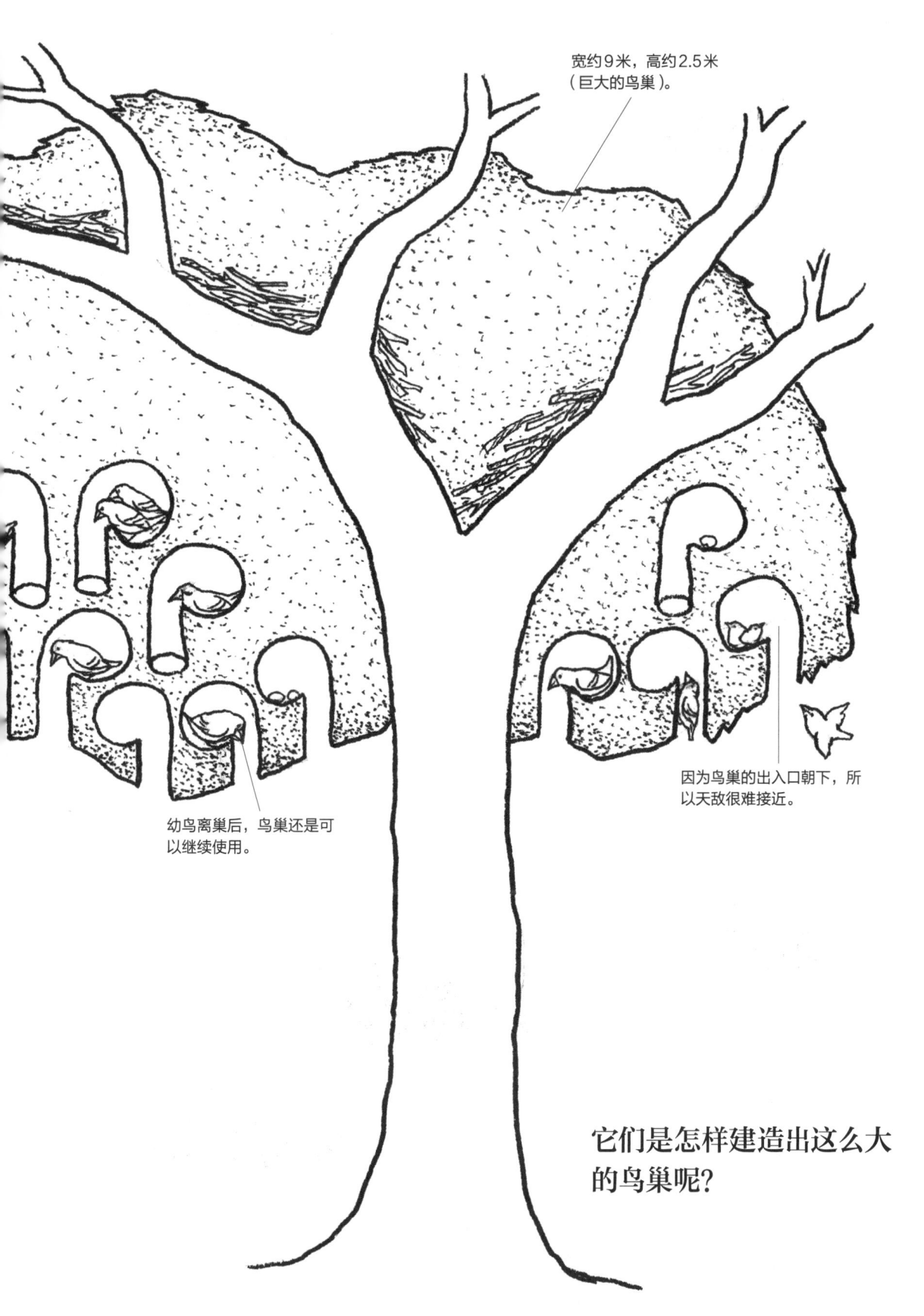

幼鸟离巢后，鸟巢还是可以继续使用。

因为鸟巢的出入口朝下，所以天敌很难接近。

它们是怎样建造出这么大的鸟巢呢？

筑巢的方法

1. 用喙衔着枯草搬运到要筑巢的树上，然后将枯草插入树缝中。

2. 同伴协力合作，一起将枯草见缝插针地插入树缝中，尽量不让枯草掉下来。

3. 在支撑鸟巢的树枝上部，用细枝条编巢。与此同时，群织雀还会在下方继续不断地将枯草插入树缝中。

4. 最后再建造各自的房间。

有时候它们还会在电线杆上筑巢。

非洲一部分原住民像群织雀一样，会住在草编的房子里。说不定他们的祖先在造房子时，就是从群织雀那里学到的建筑技巧。

为什么要建造这样的鸟巢？

因为这个地方白天气温在 40℃以上，晚上却降到 -10℃以下，温差非常大。

不过没关系，在厚重的枯草建造的鸟巢中，通常能保持 26℃左右。

只要住在鸟巢中就会很舒适，鸟巢可以抵御白天的酷热和夜晚的严寒。

白天：外面温度在40℃以上，地表温度能达到60℃，巢中温度约26℃。
夜晚：外面温度为-10℃以下，巢中温度约26℃。

当太阳升起驱散严寒时，群织雀外出觅食。当白天温度升高时它们会回到巢中避暑。

到了傍晚，天气开始转凉时，群织雀又会外出觅食。

等到夜间气温变低时再回巢避寒。

若鸟巢太大，偶尔会因太重掉下来摔坏，这时群织雀们就会马上进行修补。目前甚至还能找到使用了100年以上的鸟巢。

还有些鸟巢不是鸟儿们群体建造，而是由一对雄鸟和雌鸟共同筑成。

只靠一对雄鸟和雌鸟筑造的结实而巨大的鸟巢

居住在非洲的锤头鹳（guàn），会在粗大的树上筑成半圆形的巨大鸟巢。
它们收集数千根枯枝、枯草、泥、动物尸体、骨头、皮毛、粪便、布料以及
人类扔掉的垃圾等，"夫妻"协力用 2～4 个月的时间来筑巢。
当地人迷信"锤头鹳用人的衣服和餐具等材料建的鸟巢会让人中邪"的说法，
所以不敢接近它们的鸟巢。

在锤头鹳居住的环境中有猴子和猎豹等各种天敌。为了防止鸟蛋和雏鸟被袭击，它们会用材料进行密集填充，筑成结实的鸟巢。

动物简介

锤头鹳
Scopus umbretta
锤头鹳科 锤头鹳属
英文名：Hamerkop
全长：约50厘米
分布区：非洲中部以南，马达加斯加和阿拉伯半岛西南部

锤头鹳是在水边栖息的大型鸟类。它们会在浅滩捕食两栖动物和小鱼等。其喙和头部的形状像锤子一样，因此而得名。它们飞行时，双腿向后伸展。

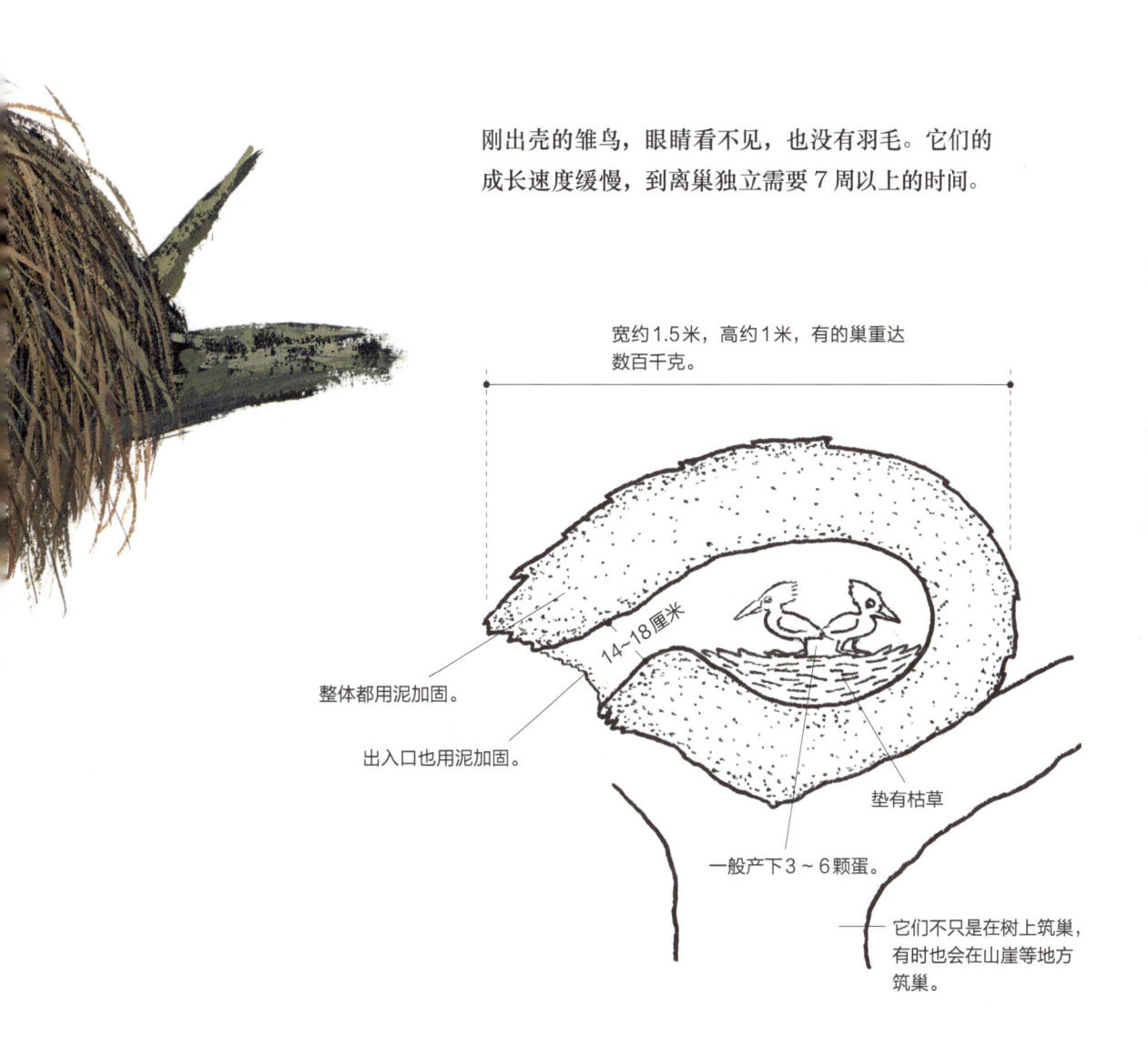

刚出壳的雏鸟，眼睛看不见，也没有羽毛。它们的成长速度缓慢，到离巢独立需要7周以上的时间。

宽约1.5米，高约1米，有的巢重达数百千克。

14~18厘米

整体都用泥加固。

出入口也用泥加固。

垫有枯草

一般产下3~6颗蛋。

它们不只是在树上筑巢，有时也会在山崖等地方筑巢。

还有其他鸟类会建造出更大的鸟巢。

这也是鸟巢

这是分布在摩路加群岛与新几内亚岛的暗色冢雉的鸟巢。
暗色冢雉在地上挖穴,填上枯草和落叶等,建成一个像土丘一样的鸟巢,然后在里面产卵。
不过,它们为什么要建这么大的鸟巢呢?

这种鸟不用自己的体温孵蛋,
而是将枯草和落叶等集中在一起,靠枯草发酵
产生的热量来孵蛋。

| 动物简介 |

暗色冢雉

Megapodius freycinet

冢雉科 冢雉属
英文名：Dusky Megapode
全长：约40厘米
分布区：摩路加群岛和新几内亚岛

冢雉是栖息在森林里的鸡形目大型鸟类，大多是在地上活动。它们是以昆虫、果实和植物等为食的杂食动物。它们用枯草和落叶等堆积建成一个大土丘，靠枯草和落叶等发酵产生的热量来孵蛋。

这么大的鸟巢是如何建成的？
孵蛋时会不会出现过热或过冷的情况？

筑巢的方法

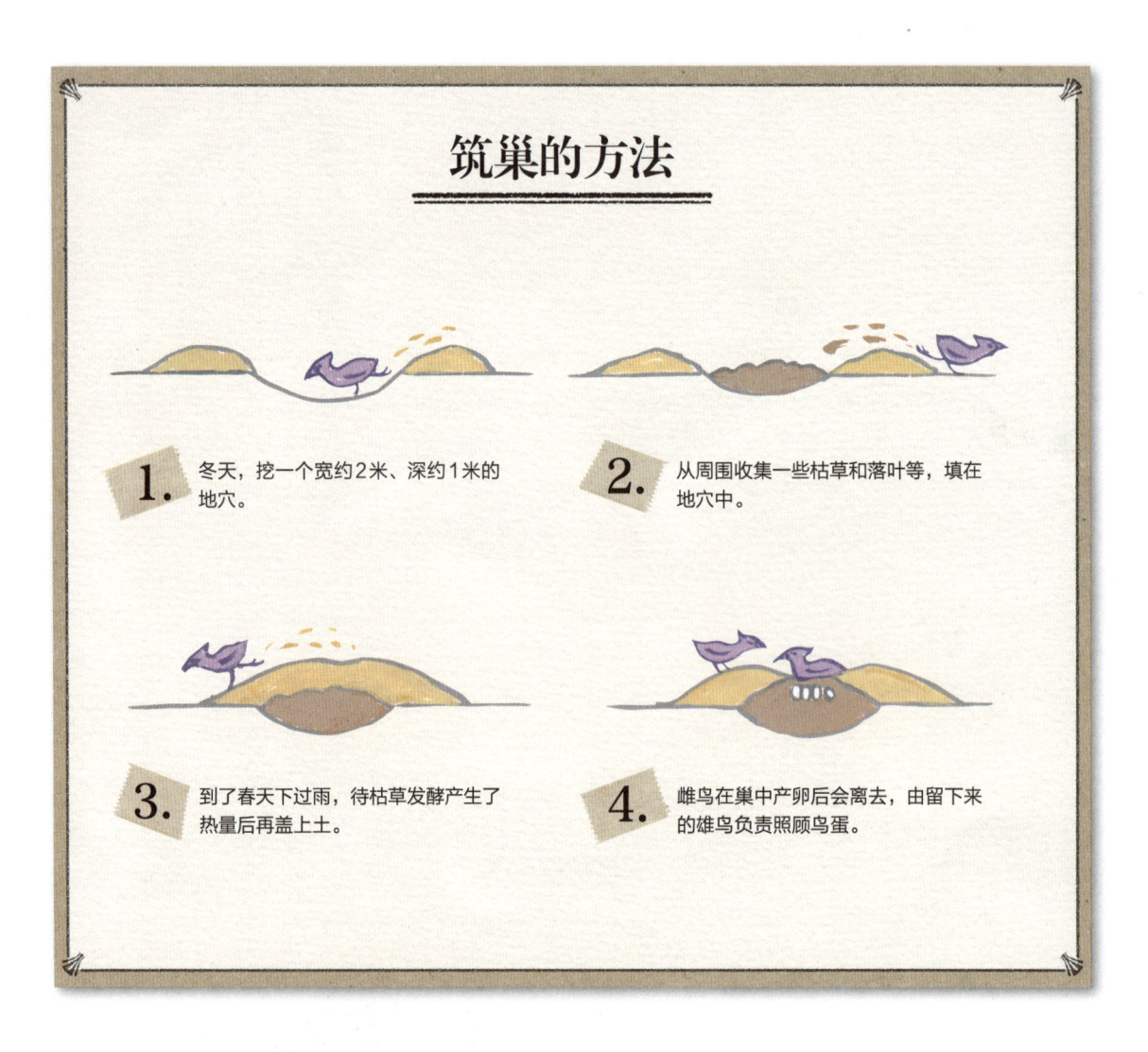

1. 冬天,挖一个宽约2米、深约1米的地穴。

2. 从周围收集一些枯草和落叶等,填在地穴中。

3. 到了春天下过雨,待枯草发酵产生了热量后再盖上土。

4. 雌鸟在巢中产卵后会离去,由留下来的雄鸟负责照顾鸟蛋。

雌鸟产卵后的2个月,雄鸟负责将巢内的温度维持在33℃左右。
为了孵蛋的温度不能太高,也不能太低,要管理好鸟巢。

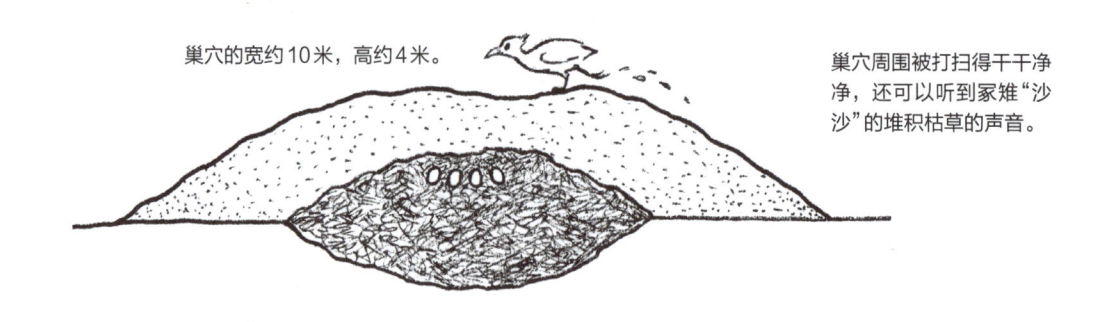

巢穴的宽约10米,高约4米。

巢穴周围被扫得干干净净,还可以听到冢雉"沙沙"的堆积枯草的声音。

因为土丘中有大量的枯草和落叶,所以会吸引很多可以当饵食的蚯蚓。
土丘也可以当作冢雉的粮库。

调节温度的方法

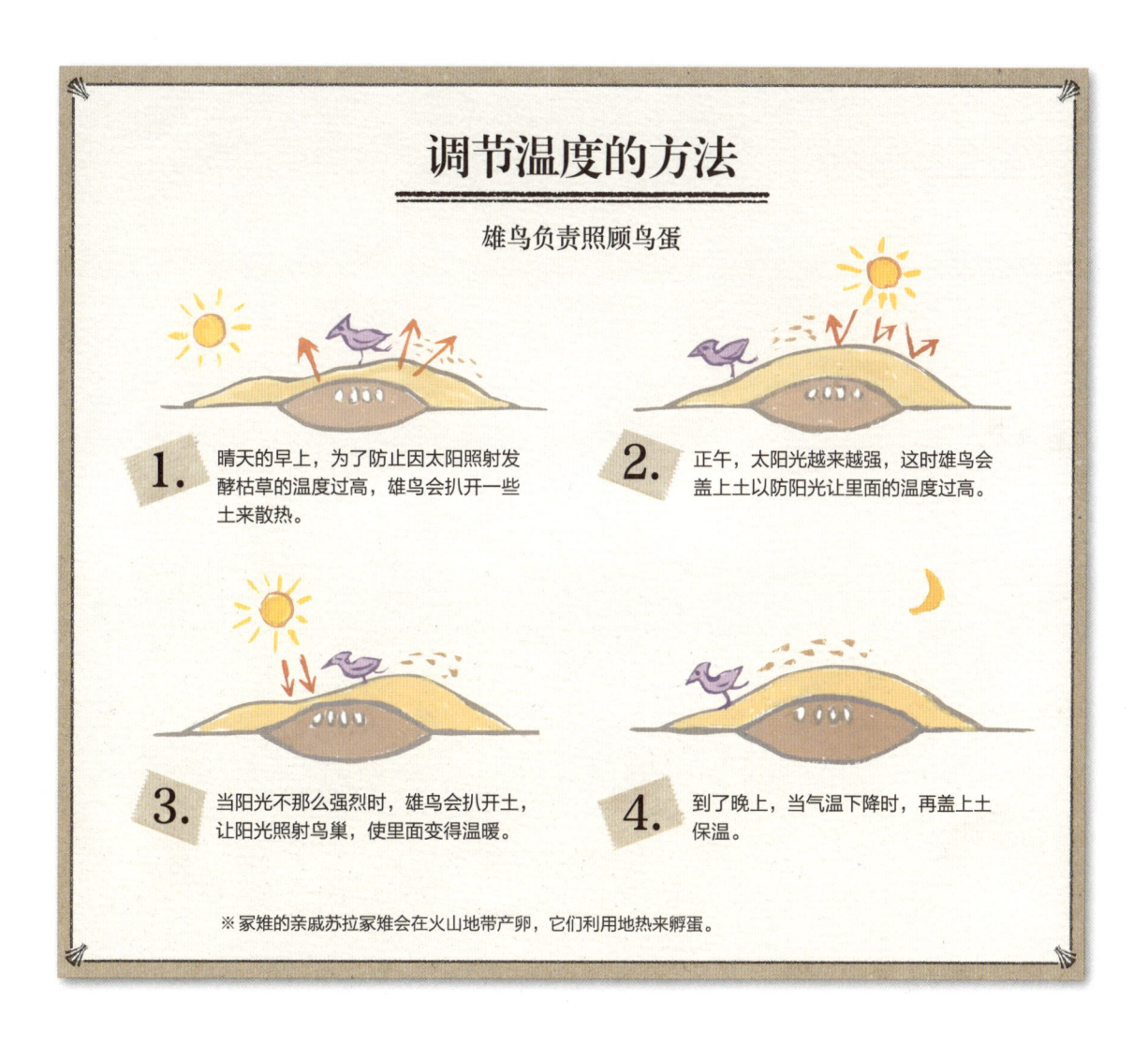

雄鸟负责照顾鸟蛋

1. 晴天的早上,为了防止因太阳照射发酵枯草的温度过高,雄鸟会扒开一些土来散热。

2. 正午,太阳光越来越强,这时雄鸟会盖上土以防阳光让里面的温度过高。

3. 当阳光不那么强烈时,雄鸟会扒开土,让阳光照射鸟巢,使里面变得温暖。

4. 到了晚上,当气温下降时,再盖上土保温。

※家雉的亲戚苏拉家雉会在火山地带产卵,它们利用地热来孵蛋。

雄鸟这样照顾鸟蛋要49～84天。刚孵出来的雏鸟马上就能走路,所以它们自己爬出鸟巢后离开。

雄鸟用鸟喙刺入地面,用舌头感知温度。

还有一种动物和家雉一样,能建造像土丘一样的巢穴。

鳄鱼筑的巢穴

密河鼍 (tuó)，亦称美洲短吻鳄、美洲鼍，属于爬行动物鳄鱼目。
雌鳄在河边收集枯枝、草和泥土，将这些混合后堆起来，建成一个像大土丘一样的巢穴，然后在巢穴中产下数十枚卵，再用枯草和落叶盖住。
雌鳄趴在上面，不让其他动物靠近或袭击它的蛋。
那么，为什么它要收集枯草和树叶来筑成巢穴呢？

动物简介

密河鼍
Alligator Mississippiensis
短吻鳄科 短吻鳄属
英文名：American Alligator
全长：约4米
分布区：美国南部

密河鼍又叫美洲短吻鳄、美洲鼍，是大型鳄鱼，为美国南部特有的种类。雄鳄全长一般在4米左右，最长能达到5.8米。它们是肉食动物，以鱼类为主，长大后也会捕捉鸟类或小型哺乳动物。

长3~5米，高约80厘米。

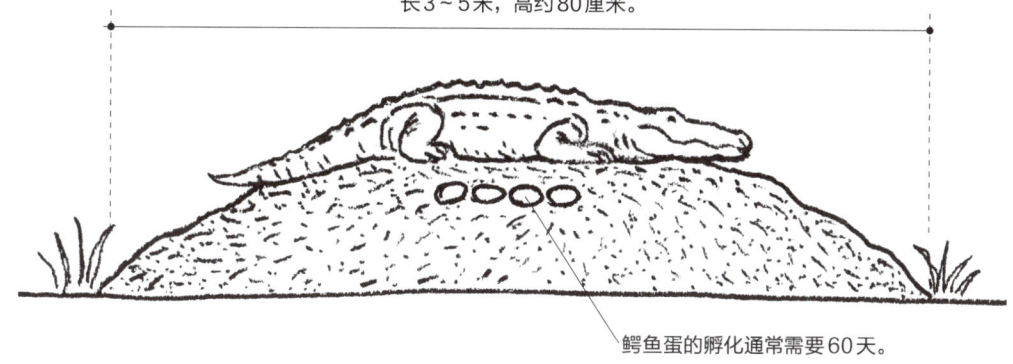

鳄鱼蛋的孵化通常需要60天。

其实，密河鼍和暗色凯门鳄（P12-P15）建造了类似的巢穴，都是利用阳光和发酵的热量来孵蛋。

孵出来的小鳄鱼一叫，雌鳄就会把它从巢穴里挖出来，轻轻地衔在嘴里，有时也会将蛋壳咬破。

雌鳄将孵出来的小鳄鱼含在嘴中然后运到河里，小鳄鱼会趴在雌鳄鱼的背上，雌鳄鱼会喂它们鱼等食物。

还有其他动物会将草堆起来，堆成像小山一样的巢穴。

野猪搭的窝

野猪算是大型哺乳类动物中难得会搭窝的动物。
它们会将芒草等杂草咬断并堆起来,建成一个半球形的窝,
为容易受寒的小野猪提供一个暂时遮风避雨的场所。

动物简介

野猪

Sus scrofa

猪科 猪属
英文名:Wild Boar
全长:1~1.7米
分布区:除极干旱、极寒冷、海拔极高的地区,均广泛分布

野猪是栖息在山野中的大型哺乳动物。浑圆的体形,腿和尾巴都很短,鼻子很大,嗅觉非常灵敏。杂食动物,可以用大鼻子在地上掘土,吃竹笋、其他植物的根茎和果实、蚯蚓和昆虫等。

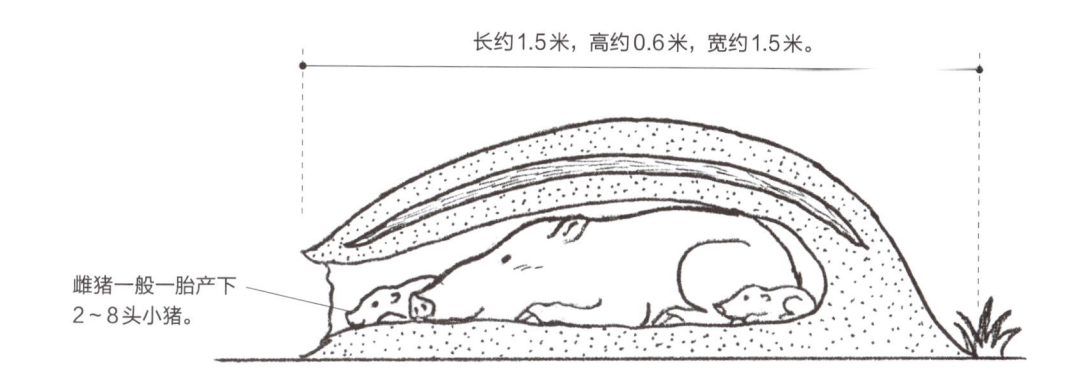

长约1.5米，高约0.6米，宽约1.5米。

雌猪一般一胎产下2~8头小猪。

野猪一般在猪崽长大后就不再使用猪窝了。不过在比较寒冷的地方，野猪除了养育后代，为了保暖还会使用猪窝。

下雨时，为了让猪窝内不漏水，野猪在搭窝时会下一番工夫。屋顶部分用芒草的茎叶以同一方向排列，偶尔也会铺设蕨类植物等比较平整的叶子。
为容易受寒的小野猪提供一个遮风避雨的场所。

**既然有为了不漏雨而细心筑造的巢穴，
当然也有为了确保安全而故意在水上筑造的巢穴。**

堵住河流，在水上搭窝

河狸会用尖锐的牙齿啃倒树木。
然后将树木收集起来，用泥土固定，在河的附近搭一个像小山一样的窝。
之后在河的下游再用泥土固定收集来的木头，造一个水坝堵住水流。
这样窝周围就会沉入水中，让天敌很难接近。
安全又安心的水上巢穴就这样完成了。

动物简介

北美河狸
Castor canadensis
河狸科 河狸属
英文名： North American Beaver
全长： 约80厘米
分布区： 北美洲的阿拉斯加到墨西哥

河狸是在河边生活且擅长游泳的哺乳动物，有防水的皮毛、带蹼的脚掌和像船桨一样的尾巴。它们体型大，在啮齿类动物中仅次于水豚，排名第二。它们是食草动物，可以用尖锐的牙齿啃倒树木，吃树皮和枝叶。

搭窝的方法

1. 啃倒树木,然后收集起来搭窝。

2. 在下游收集树木,用泥土固定筑成河狸坝。

3. 水会围住河狸坝的周围,让天敌难以接近。

河狸是除人类之外,
唯一一种会为了自己的生活而改变周围环境的动物。
甚至有宽100米以上、高3米以上的大河狸坝。

河狸坝当中是什么样的?

安全、安心的水上巢穴

水上的巢穴，可谓是为了保证安全与安心而建造的智慧与知识的结晶。

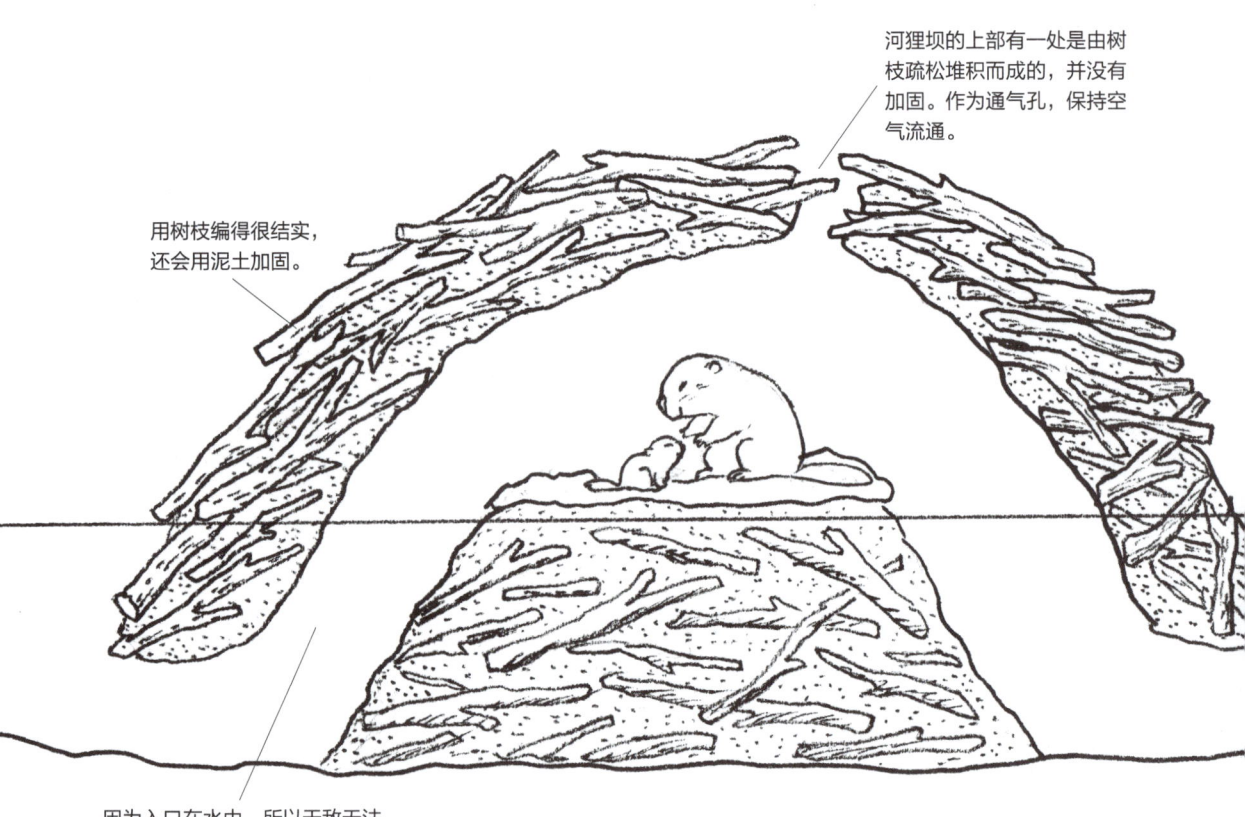

河狸坝的上部有一处是由树枝疏松堆积而成的，并没有加固。作为通气孔，保持空气流通。

用树枝编得很结实，还会用泥土加固。

因为入口在水中，所以天敌无法入侵。

安心的设计

1. 大雨或河水猛涨会让河狸坝浸水，不过没有问题。

2. 修理部分河狸坝，让过量的水流走，水位就下降了。

河狸坝的一部分，可以通过拆毁或修复进行水位调节。

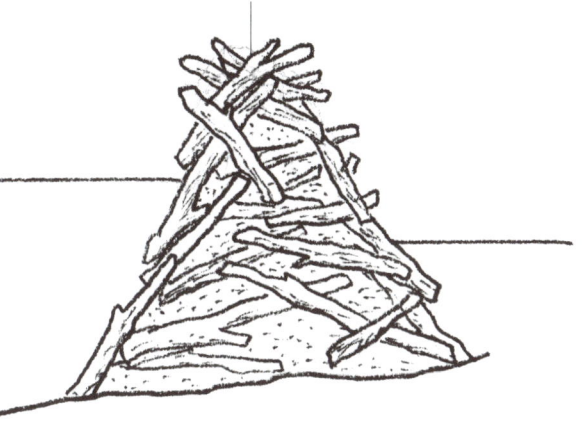

河狸一次会产下1～6只幼崽。

安全的构造

平常天敌无法接近水中的河狸坝，但是到了冬天河水结冰后，情况又会发生变化。不过，这不要紧。

1. 河水结冰后，熊或狼这些天敌就能接近河狸坝。

2. 因为河狸坝很结实，而且还被冻上了，因此无法轻易毁坏。

3. 河狸可以吃储存在水中的树木，过着安全的生活。

还有其他的水上巢穴。

23

湖面上好像浮着什么东西?

这是水鸟的巢

在南美洲安第斯山脉的湖里栖息的角骨顶,
会在远离岸边的水上筑巢。
它们的鸟巢像浮在水面上一样,
这到底是怎么建造的呢?

动物简介

角骨顶
Fulica cornuta
秧鸡科 骨顶鸡属
英文名: Horned Coot
全长: 46~62厘米
分布区: 智利北部、阿根廷西北部、安第斯山脉

角骨顶是在水边栖息的秧鸡科水禽。它们有被称为"瓣蹼足"的大脚,脚趾上的一层膜相当于蹼。它们不仅善于游泳,而且能适应在岸边行走。它们的额头上有簇羽毛,看起来像角,因此名为"角骨顶"。

在石头堆起来的地基上筑巢

角骨顶收集大量的石子垫在湖底作为地基，然后在上面铺上水草筑巢。

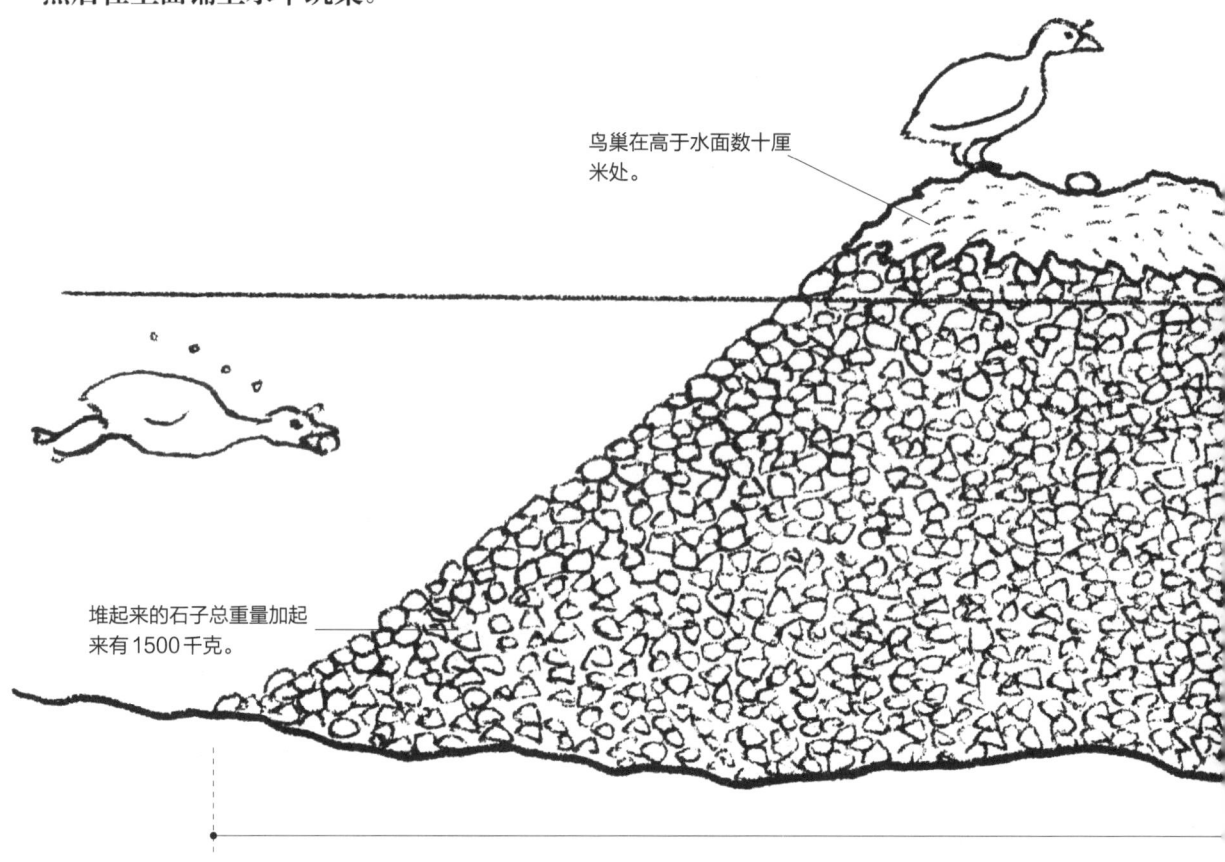

鸟巢在高于水面数十厘米处。

堆起来的石子总重量加起来有 1500 千克。

大的鸟巢宽约 4 米、高约 1 米。

为什么要如此大费周章筑造鸟巢呢？

鸟巢离岸边有数十米。
在角骨顶的繁殖地安第斯山脉的湖中，周围完全没有隐蔽的场所。
如果在岸边筑巢，很容易被天敌侵袭，而在水中筑巢，天敌就无法接近。在水上筑巢是保护鸟蛋和雏鸟不被天敌袭击的智慧之举。

石子是从岸边捡的，大的石头甚至重500克。

高约1米

动物简介

黑水鸡

Gallinula chloropus

秧鸡科 黑水鸡属
英文名：Common Moorhen
全长：30～38厘米
分布区：广泛分布在除了大洋洲、美洲以外的世界各地

2008年的北京奥运会主体育场被称为"鸟巢"，其外形与黑水鸡的巢相似。

同是秧鸡科的黑水鸡，会将水草的茎部弯折编织出扁平的鸟巢。

还有其他动物，会用不同的方式在水上筑巢。

27

浮在水面上的鸟巢

生活在湖里或池塘里的小䴙䴘(pìtī)，会收集大量的水草，利用水边生长的芦苇等植物来筑浮巢。
为了不让鸟巢漂走，它们会将其牢牢绑在芦苇的茎干上进行固定。

动物简介

小䴙䴘

Tachybaptus ruficollis

䴙䴘科 小䴙䴘属
英文名：Little Grebe
全长：23～29厘米
分布区：广泛分布在欧洲、非洲、亚洲等地。

小䴙䴘栖息在小河或湖沼中，可潜入水中捕食小鱼小虾。它们在有池塘的公园等人类聚居地也能生存。它们在芦苇丛中收集水草和落叶等来筑浮巢并哺育下一代。它们的双脚位于身体的后方，适合潜水游泳。

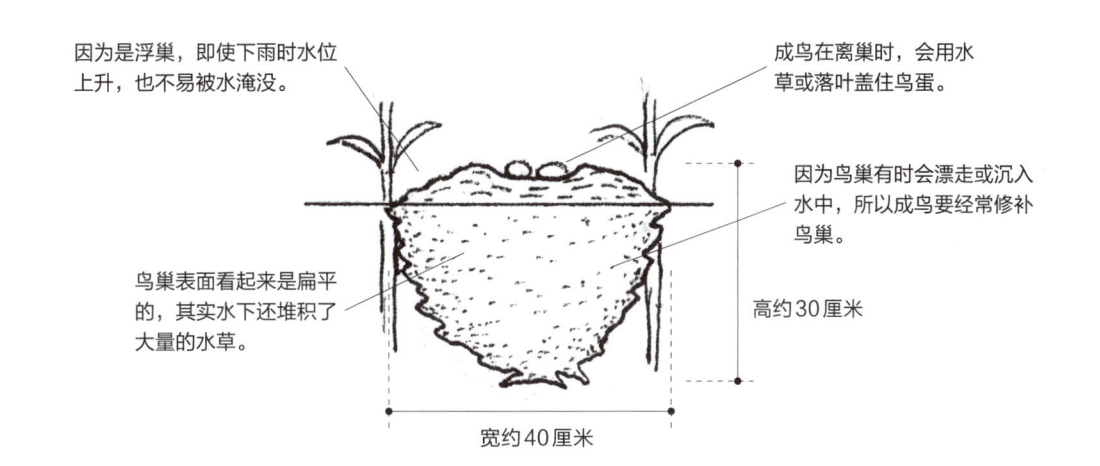

因为是浮巢，即使下雨时水位上升，也不易被水淹没。

成鸟在离巢时，会用水草或落叶盖住鸟蛋。

因为鸟巢有时会漂走或沉入水中，所以成鸟要经常修补鸟巢。

鸟巢表面看起来是扁平的，其实水下还堆积了大量的水草。

高约30厘米

宽约40厘米

刚孵出来的雏鸟虽然马上就能游泳，但当游累了还是会趴在成鸟的背上。

当它们的天敌水蛇靠近鸟巢时，成鸟会在水中驱赶水蛇来保护鸟蛋和鸟巢。

近年来，芦苇丛受环境影响逐渐减少，所以很多小䴙䴘开始在垂到水面的树枝上筑巢。
但这样就容易被乌鸦或鹭（lù）等天敌袭击。

也有动物在距水面有一定距离的地方筑巢。

29

天敌难以接近、离水面有段距离的鸟巢

厚嘴织雀把鸟巢建在水边生长的纸莎草上，利用两根纸莎草的茎建造出球形巢。
刚筑好的鸟巢非常柔软，还保留着青草色，但随着日晒雨淋，草很快就枯萎了，变成褐色。

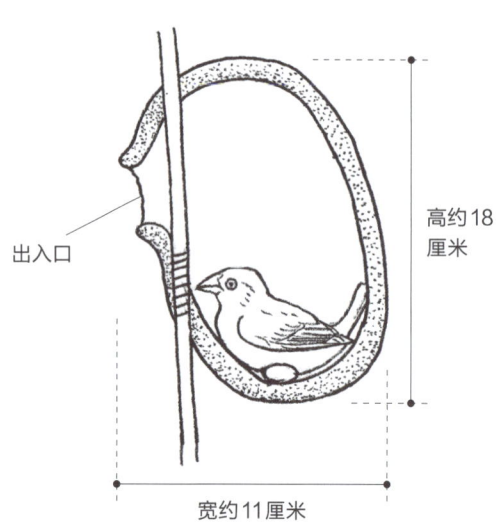

出入口

高约18厘米

宽约11厘米

动物简介

厚嘴织雀
Amblyospiza albifrons
织雀科 厚嘴织雀属
英文名：Thick-billed Weaver
全长：约29厘米
分布区：广泛分布在非洲

厚嘴织雀是一种栖息在非洲大陆的织雀。它们会在水边的水草茎干较高的地方筑球形鸟巢。在织雀中，它们因鸟喙较厚而得名。

筑巢的方法

1. 在两根茎干之间，用草叶将其编连在一起。

2. 用草编出一个圆形的小窝。

3. 把出口编在上方，然后逐渐缩小开口。

4. 最后，留下出入口就完成了。

织雀因可以用草编织筑巢而得名。
目前已发现的织雀种类超过 100 种。
不过它们编巢的方式和鸟巢的形状各式各样（P4 的群织雀也是一种织雀）。

在厚嘴织雀栖息地的河水里，有天敌鳄鱼和河马。不过因为鸟巢在离水面很高的地方，所以它们很难接近。

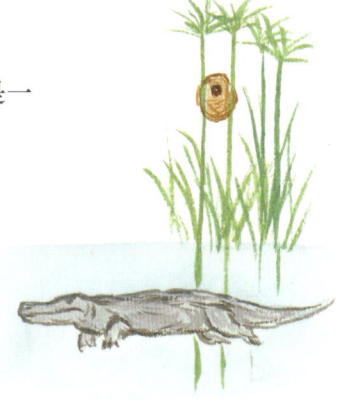

厚嘴织雀巢穴的出入口在侧面，但也有出入口是纵向朝下的鸟巢。

远离水面、出入口朝下的鸟巢

南非织雀也会利用水边生长的植物的茎筑巢。
它们与厚嘴织雀（P30）一样，会在离水面很高的位置筑巢，但与厚嘴织雀的鸟巢不同的是，它们的鸟巢出入口是朝下的。这样天敌很难靠近。

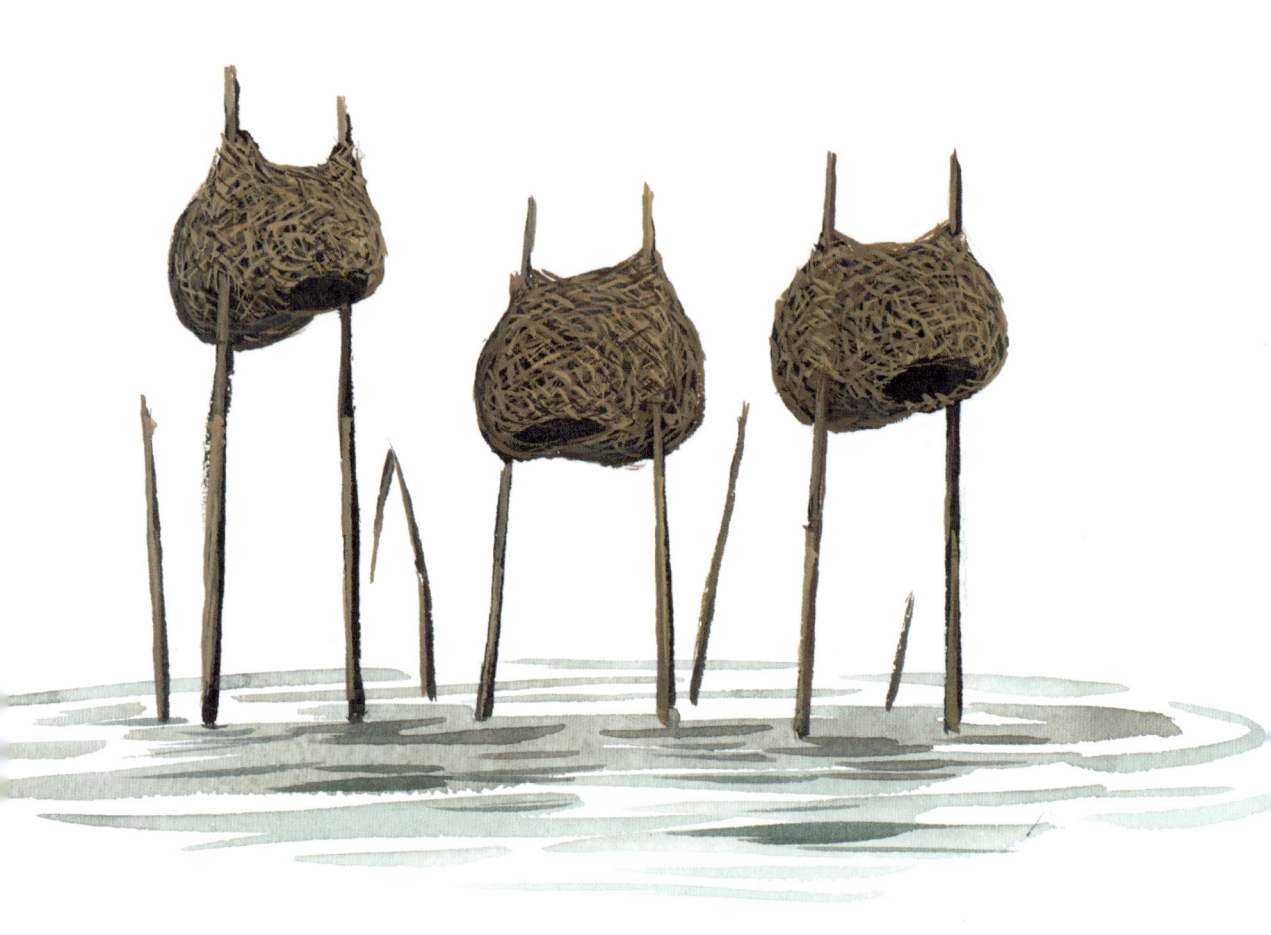

动物简介

南非织雀
Ploceus capensis
织雀科 织雀属
英文名：Cape Weaver
全长：约18厘米
分布区：南非

南非织雀也是一种织雀，是南非特有的鸟类。在繁殖期时，雄鸟的头部到下腹是鲜艳的黄色，脸部是橙色。雌鸟的颜色是带点橄榄绿的黄色。它们以植物的种子和昆虫等为食。

南非织雀的鸟巢形状像蚕豆一样，雄鸟将棕榈或禾本科植物的叶子撕成细条编巢。

与其他织雀一样，它们会把鸟巢悬挂在高高的枝头上，并把出入口做成朝向下方。

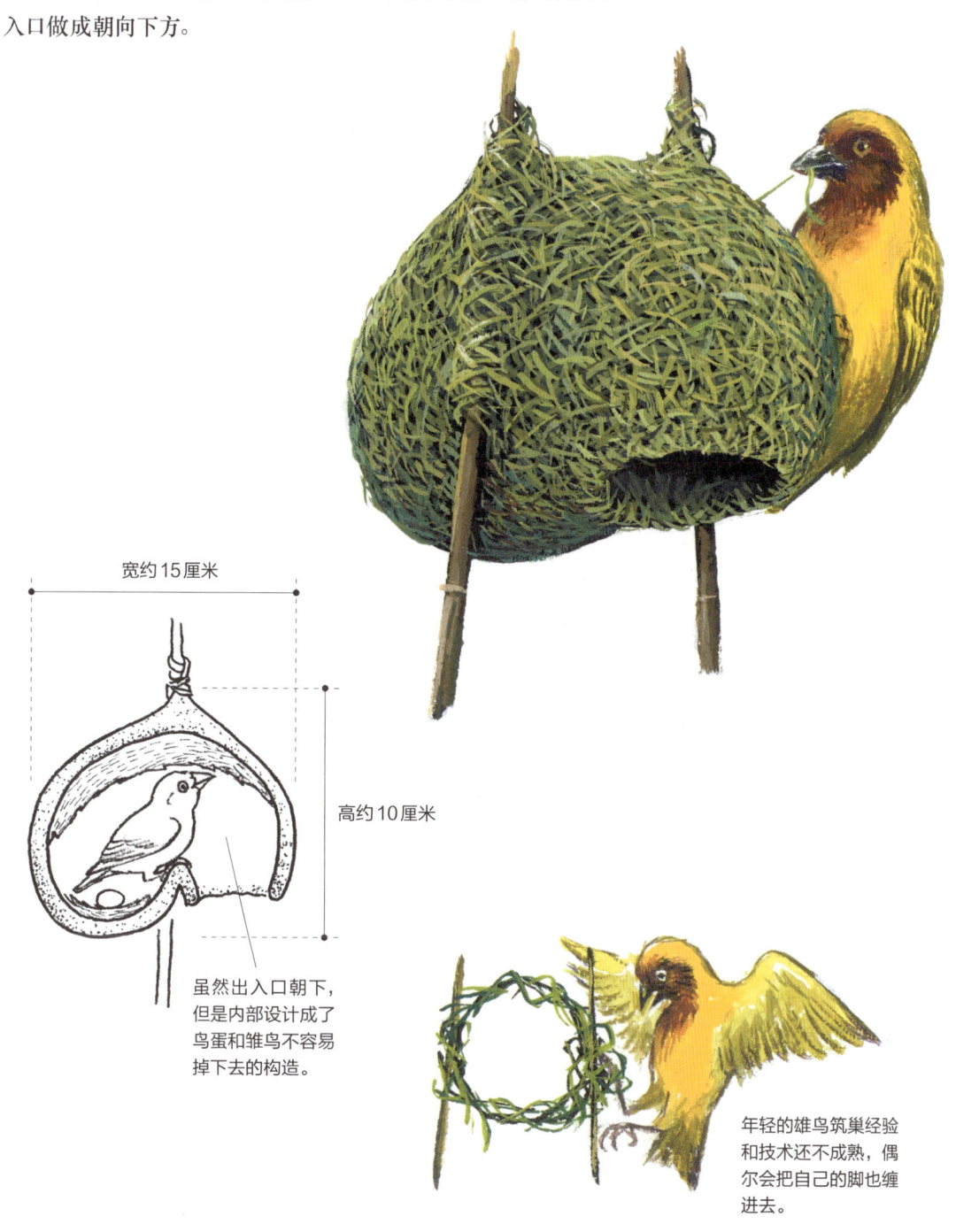

宽约15厘米

高约10厘米

虽然出入口朝下，但是内部设计成了鸟蛋和雏鸟不容易掉下去的构造。

年轻的雄鸟筑巢经验和技术还不成熟，偶尔会把自己的脚也缠进去。

如果雄鸟巢筑得不好，雌鸟可能对其根本不屑一顾。

由雌鸟来验收鸟巢的优劣

这是织雀的一类——黄胸织雀筑的鸟巢。
黄胸织雀的栖息地里有很多天敌，例如猴子。为了不让自己的鸟蛋和雏鸟受到袭击，它们在猴子无法靠近的细枝条上编了这样的鸟巢。

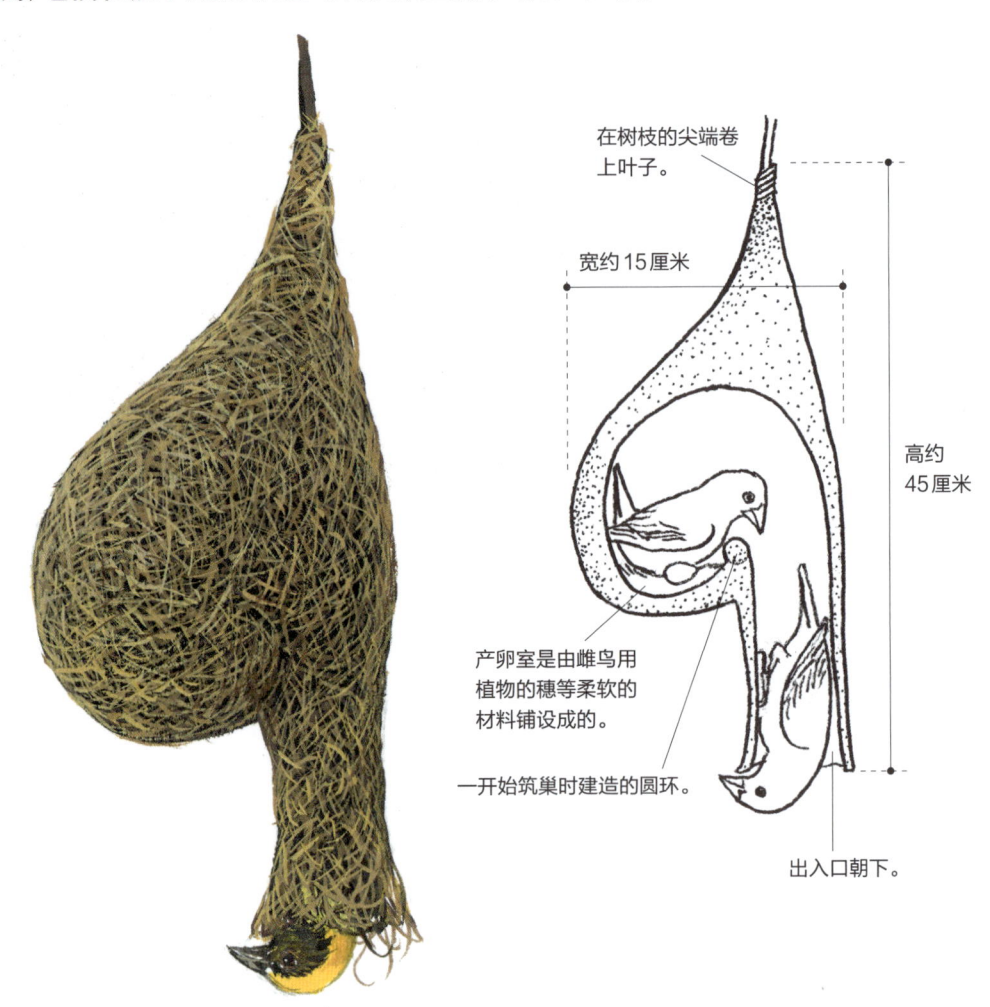

在树枝的尖端卷上叶子。

宽约15厘米

高约45厘米

产卵室是由雌鸟用植物的穗等柔软的材料铺设成的。

一开始筑巢时建造的圆环。

出入口朝下。

动物简介

黄胸织雀
Ploceus philippinus
织雀科 织雀属
英文名： Baya Weaver
全长： 约15厘米
分布区： 中国、印度、东南亚

繁殖期的雄鸟如其名，胸前的羽毛会变成鲜艳的黄色，头部也是鲜艳的黄色，脸是褐色的。雌鸟的羽毛颜色与麻雀近似，相对朴素。它们以植物的种子等为食。

筑巢的方法

1. 雄鸟在细枝条上，把椰子树的叶子等撕成细条并卷起来，做成一个圆环。

2. 然后以这个圆环为基础，从上向下编鸟巢的巢壁。

3. 编到这种程度，就有雌鸟飞来验收鸟巢的好坏。

4. 雌鸟会和鸟巢筑得好的雄鸟交配。雄鸟将圆环的一侧封起来，这样就变成了一个房间。不会有雌鸟与巢筑得不好的雄鸟交配。

5. 圆环的另一侧向下延伸变成了出入口，这样就大功告成。

筑得不好的鸟巢

没绑紧树枝。

编得很松散。

圆环看起来随时会断（鸟蛋会掉出来）。

鸟类为了能在空中飞翔，身体一定要轻盈。筑巢是为了在鸟巢中产卵并抚育下一代。黄胸织雀的鸟巢形状看起来就像是孕妇的肚子一样。

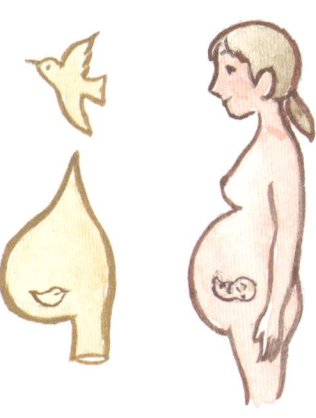

也有形状相同，但是出入口更短的鸟巢。

黑脸织雀的鸟巢与黄胸织雀（P34）的鸟巢很相似，都是垂吊式，出入口朝下，不过它们的鸟巢出入口较短。筑巢完成到某种程度时，雄鸟会悬挂在鸟巢下面呼唤雌鸟。

绑在枝头。

为了防雨，鸟巢顶部的材料与其他地方的略有不同。

出入口朝下

高约10厘米

宽约10厘米

动物简介

黑脸织雀

Ploceus intermedius
织雀科 织雀属
英文名： Lesser Masked Weaver
全长： 约15厘米
分布区： 东非和南非北部

黑脸织雀用喙将椰子叶等撕成细长条，它们在树上成群地筑造球形的鸟巢。黑脸织雀属于织雀，雌鸟和雄鸟的羽毛都是黄色的。雄鸟的喙和眼睛周围像用黑色面具遮住了一样，黑脸织雀由此而得名。

鸟巢像铃铛一样垂吊在树上。

织雀多数是群居生活，所以一棵树上往往有很多雄鸟筑巢。

鸟巢像铃铛一样挂在树上，看起来就像树上的装饰一样。

织雀会筑出各种各样的鸟巢。

即使同是织雀，
种类不同，其编织方式和出入口的长度也不一样。

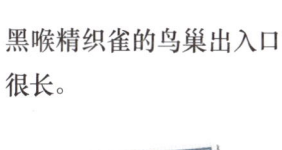

黑喉精织雀的鸟巢出入口很长。

动物简介

大金织雀
Ploceus xanthops
织雀科 织雀属
英文名：Holub's Golden Weaver
全长：约18厘米
分布区：非洲的中央地带到东南部

动物简介

黑喉精织雀
Malimbus cassini
织雀科 精织雀属
英文名：Cassin's Malimbe
全长：约17厘米
分布区：非洲中西部

大金织雀鸟巢的出入口很短。

不只是编织，还有用其他方式筑巢的织雀。

用打结的方式筑成像笼子一样的鸟巢

红头编织雀不用树叶编织鸟巢，它们用一条条树枝打结筑巢。

它们筑出来的鸟巢看起来像笼子一样。

从侧面还能直接看到内部构造。乍一看，做得杂乱无章，其实树枝之间都是死扣，绑得很结实。

这种通风良好的鸟巢，适合红头编织雀分布区闷热的气候。

鸟巢高约35厘米，宽约14厘米。

筑巢的方法

1. 找到一个小树枝，剥下一部分的树皮。

2. 不断用剥下的树皮和其他树枝打结。

动物简介

红头编织雀
Anaplectes rubriceps
织雀科 红头编织雀属
英文名： Red-headed Weaver
全长： 约15厘米
分布区： 非洲

红头编织雀如其名，头部和胸部是鲜艳的红色，是一种织雀。它们利用掉落的树枝和枯枝筑巢。在不同的分布区，这种鸟头部的红色部分与黑色部分的比例也不同。

防止巢寄生

鸟巢的出入口变长，不仅是为了防止猴子或蛇的侵袭，
也是为了防止杜鹃的巢寄生。
在世界上杜鹃的种类约有 140 种，它们大多数会在其他鸟的巢中产卵，然后
让这个鸟巢的宿主抚养自己的后代，而自己从不抚养。

巢寄生的过程

1. 趁成鸟不在时，扔掉巢内的一颗鸟蛋，在巢里产下自己的一颗蛋。

2. 杜鹃的雏鸟会最先孵化，然后将巢内其他的鸟蛋推出巢外。

3. 雏鸟被宿主喂食长大。宿主对比自己大很多的雏鸟毫无察觉，会不断喂食，直到雏鸟离巢。

4. 红头编织雀的鸟巢出入口很窄，杜鹃从下面钻不进去，所以无法进入巢中，也就无法在巢中寄生。

**既有通风好、凉爽的鸟巢，
也有保温性强、温暖的鸟巢。**

温暖的绒毛质地的鸟巢

欧亚攀雀会收集羊毛,然后用喙缠绕并织出绒毛质地的鸟巢。
这样的鸟巢非常柔软,保温效果显著。
欧亚攀雀的筑巢期间,正好是绵羊冬毛脱落的季节。所以即使被欧亚攀雀揪毛,绵羊也不会被激怒。
在没有绵羊的地方,欧亚攀雀会使用植物的棉毛或稻穗等来筑巢。

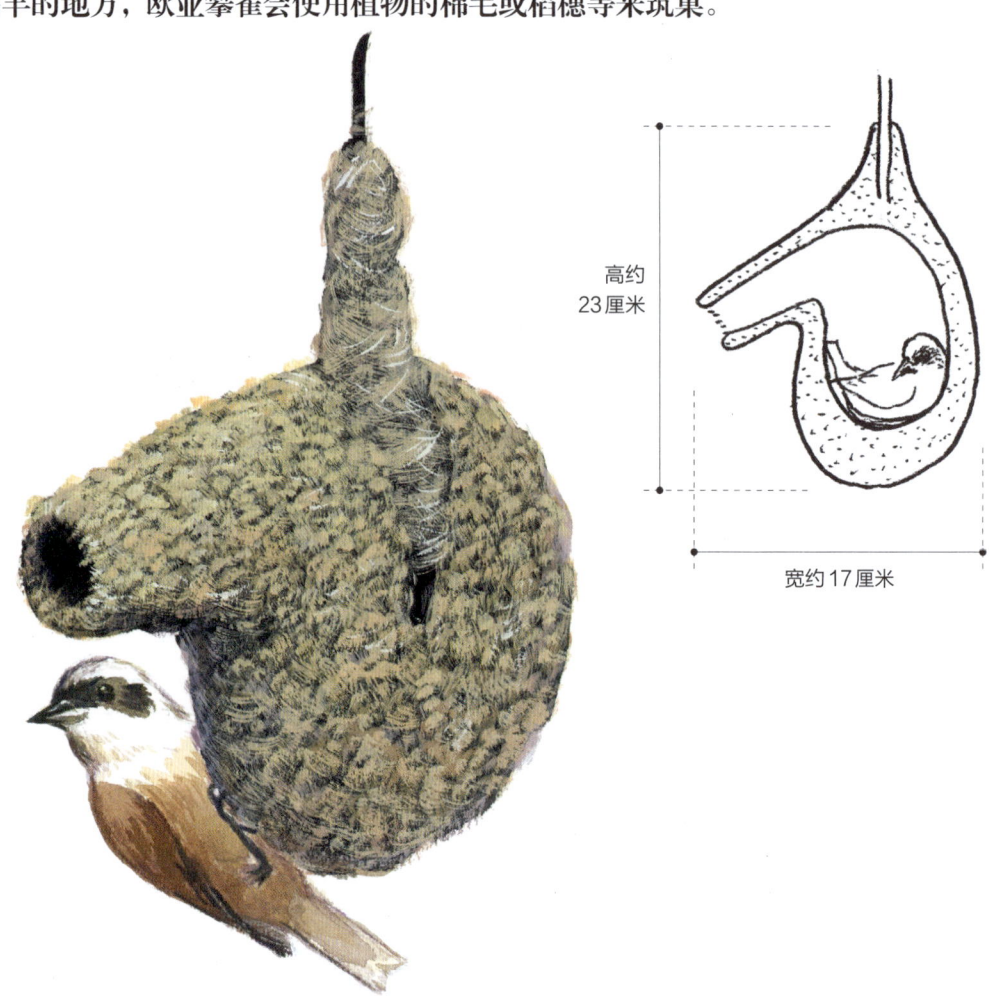

高约23厘米

宽约17厘米

动物简介

欧亚攀雀

Remiz pendulinus

攀雀科 攀雀属
英文名: Eurasian Penduline Tit
全长: 约11厘米
分布区: 亚欧大陆到非洲北部

欧亚攀雀的分布区横跨亚欧大陆,作为候鸟,它们也会飞到日本过冬。雄欧亚攀雀的头部是灰色的,眼睛周围有条又粗又黑的线。雌鸟的头部和眼睛周围是褐色的。它们使用羊毛等筑成垂挂在树上的鸟巢。

筑巢的方法

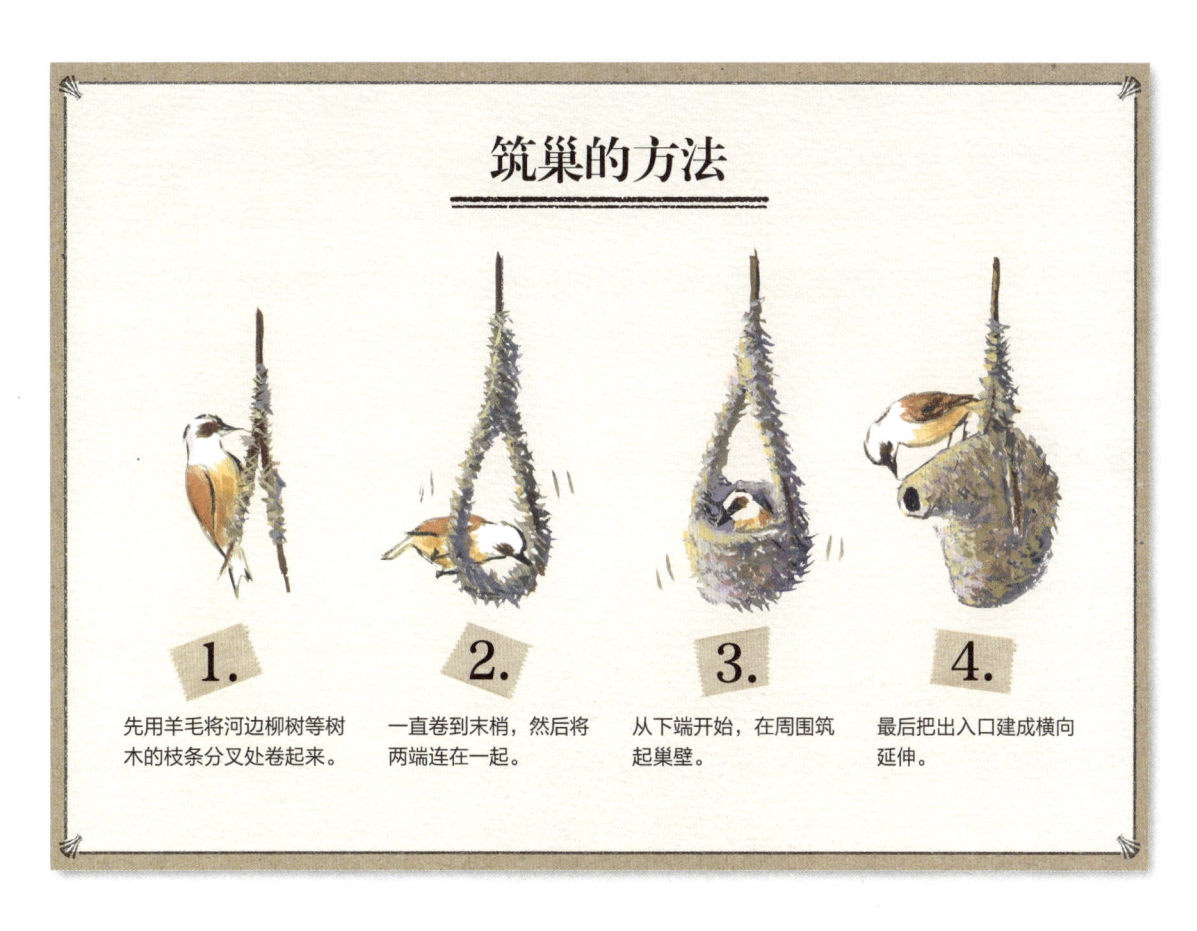

1. 先用羊毛将河边柳树等树木的枝条分叉处卷起来。

2. 一直卷到末梢，然后将两端连在一起。

3. 从下端开始，在周围筑起巢壁。

4. 最后把出入口建成横向延伸。

因为它们筑的巢挂在河面垂下的树枝上，所以天敌难以接近。

据说蒙古的游牧民族会拿欧亚攀雀的弃巢给小孩当鞋穿。

为了蒙蔽天敌的眼睛，有些鸟会做出有假出入口的鸟巢。

有假出入口的鸟巢

南攀雀为了防止猴子或蛇等天敌袭击雏鸟或鸟蛋，
会筑一个有假出入口的鸟巢。
哪一个才是鸟巢真正的出入口呢？

南攀雀的分布区到了夜晚会变得非常寒冷，所以它们会用植物的棉毛、稻穗和棉花等材料筑成鸟巢，这样巢中就不会那么冷了。

动物简介

南攀雀

Anthoscopus minutus

攀雀科 非洲攀雀属
英文名：Cape Penduline Tit
全长：约8厘米
分布区：非洲西南部

南攀雀是栖息在非洲的鸟类当中最小的一种鸟。它们会在枝头筑一个像吊坠一样的鸟巢。它们的喙非常尖锐，适合捕食昆虫。它们会在鸟巢上筑造假出入口。

从看上去很像鸟巢出入口的大洞口进去后马上就到顶部了。
在大洞口上面像房檐一样的部分才是真正的出入口。

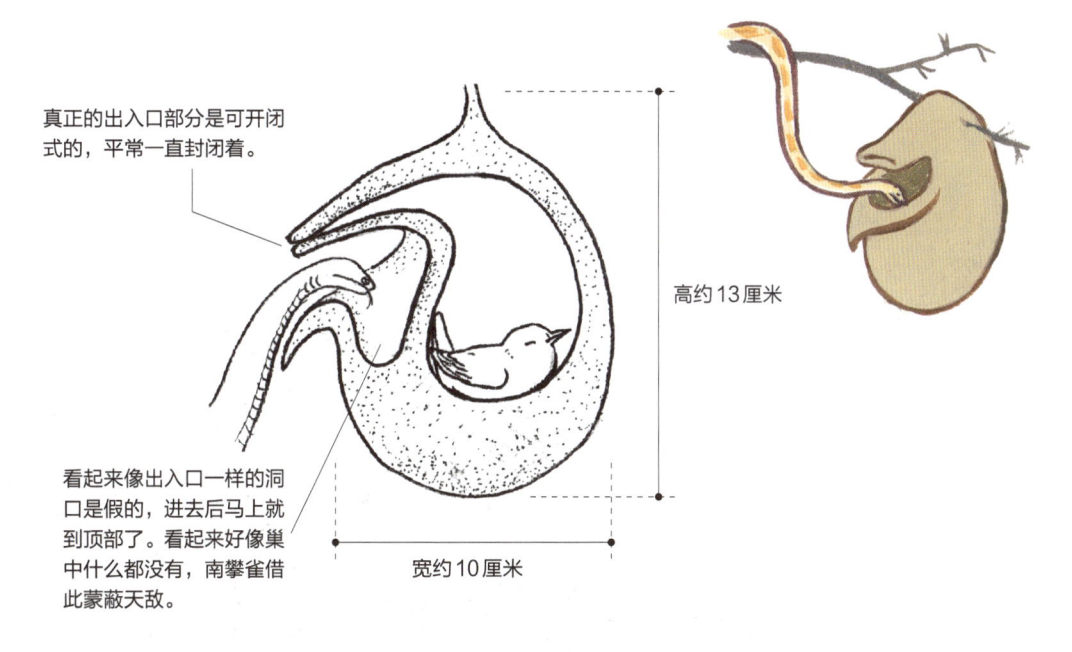

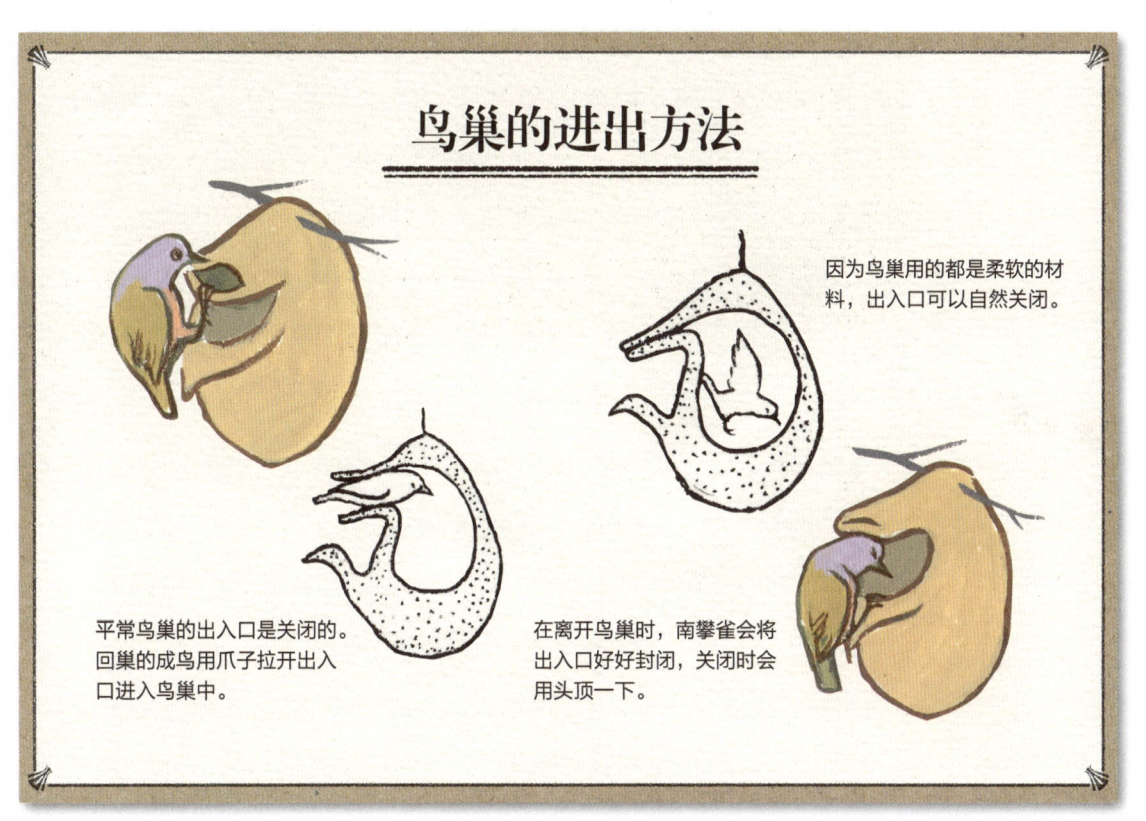

真正的出入口部分是可开闭式的，平常一直封闭着。

高约13厘米

看起来像出入口一样的洞口是假的，进去后马上就到顶部了。看起来好像巢中什么都没有，南攀雀借此蒙蔽天敌。

宽约10厘米

鸟巢的进出方法

平常鸟巢的出入口是关闭的。回巢的成鸟用爪子拉开出入口进入鸟巢中。

因为鸟巢用的都是柔软的材料，出入口可以自然关闭。

在离开鸟巢时，南攀雀会将出入口好好封闭，关闭时会用头顶一下。

还有在非常时期设置紧急逃生口的鸟巢。

有紧急逃生口的鸟巢

白眉织雀筑的巢会设置紧急时刻逃生的出入口。

白眉织雀会在树枝分叉处用枯草筑一个橄榄球形状的鸟巢。
鸟巢的特征是其左右两端各有一个出口。
因为在它们的分布区周围有很多蛇,在出入口以外设置紧急逃生口,当被袭击时就可以马上逃走。

动物简介

白眉织雀

Plocepasser mahali

织雀科 织雀属
英文名：White-browed Sparrow Weaver
全长：约15厘米
分布区：非洲东南部

白眉织雀是在非洲东南部广泛分布的小鸟。目前有个体数量增加和分布区域扩大的趋势。白眉织雀成群繁殖，未繁殖的亚成鸟会给正在繁殖的成鸟帮忙，据说它们还会帮助成鸟守护地盘、合作繁殖。

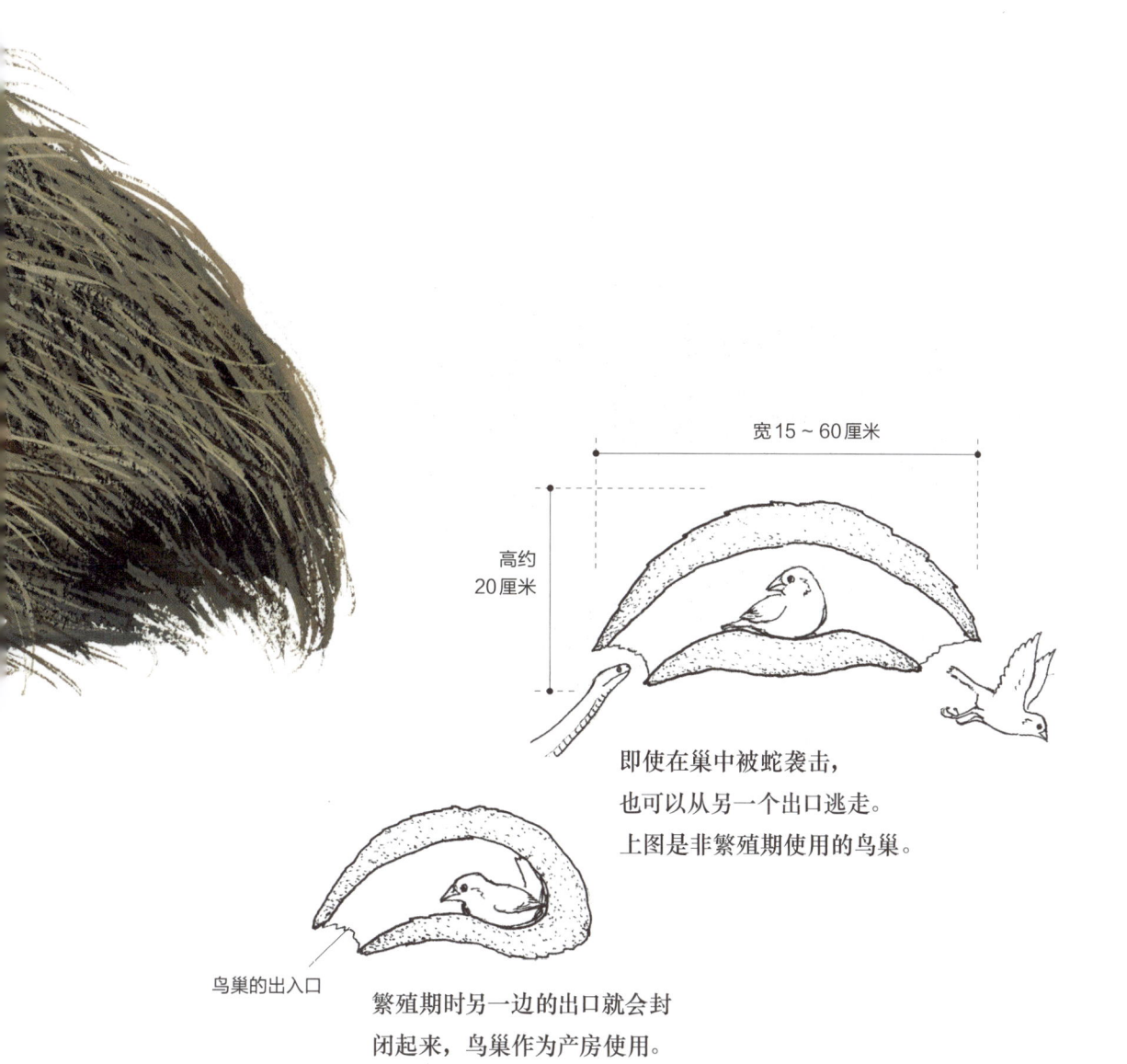

宽15～60厘米

高约20厘米

即使在巢中被蛇袭击，也可以从另一个出口逃走。上图是非繁殖期使用的鸟巢。

鸟巢的出入口

繁殖期时另一边的出口就会封闭起来，鸟巢作为产房使用。

有种鸟会在很高的地方筑造很长的鸟巢。

因为它们成群筑巢，所以在一棵树上往往吊挂着很多鸟巢。

在高高的地方筑的长长的吊巢

褐拟椋鸟会在30米高的大树树枝上用草编成一个60~180厘米长的吊巢。

即使它们的天敌猴子爬到树上，它的手也伸不到巢中。

鸟巢的出入口

鸟巢高60~180厘米，宽约25厘米。

还有其他防止天敌接近鸟巢的方法。

动物简介

褐拟棕鸟
Psarocolius montezuma
拟鹂科 拟棕鸟属
英文名：Montezuma Oropendola
全长：约48厘米
分布区：墨西哥、巴拿马

褐拟棕鸟是在空地或田间等接近人类生活的环境中栖息的大型鸟类。杂食，除了吃昆虫和果实等，还会舔食花蜜。它们会抓住枝头，头朝下，像要掉下来一样展开双翼和尾翼，发出没什么变化的叫声，这是它们独特的求偶行为。

47

用蜂类当保镖的鸟

黄腰酋长鹂会在马蜂窝旁边筑巢。当猴子或浣熊接近时,马蜂会把它们当作袭击自己蜂巢的天敌而发起攻击。

鸟巢的出入口

鸟巢高30~50厘米,宽10~15厘米。

动物简介

黄腰酋长鹂
Cacicus cela
拟鹂科 酋长鹂属
英文名: Yellow-rumped Cacique
全长: 约30厘米
分布区: 中美洲和南美洲东南部

黄腰酋长鹂比褐拟椋鸟(P46)小一圈,是酋长鹂属的鸟类。它们几乎全身都是黑色,下腹与上尾羽是鲜艳的黄色,虹膜是蓝色。黄腰酋长鹂的鸟喙很长,顶端尖锐,杂食,一般吃昆虫和果实。

筑巢的方法

1. 雌鸟筑巢，将叶子卷在枝头。

2. 做成一个环形。

3. 用草编织出下垂的巢。

4. 在底部编出一个碗形。

5. 筑成一个封闭的筒状，这样就完成了。

黄腰酋长鹂是不是做了什么有利于马蜂的事？
马蜂为什么不攻击黄腰酋长鹂呢？

黄腰酋长鹂也会在一棵树上大量筑巢。可能对马蜂来说，附近有大量的吊巢也会觉得安心吧。

除了蜂类的毒针，还有其他更尖锐的东西可以保护鸟巢。

被仙人掌的尖刺保护的鸟巢

棕曲嘴鹪鹩（jiāoliáo），又名仙人掌鹪鹩。
仙人掌鹪鹩如其名，在仙人掌中筑巢。
四周环绕的仙人掌尖刺可以提供保护。

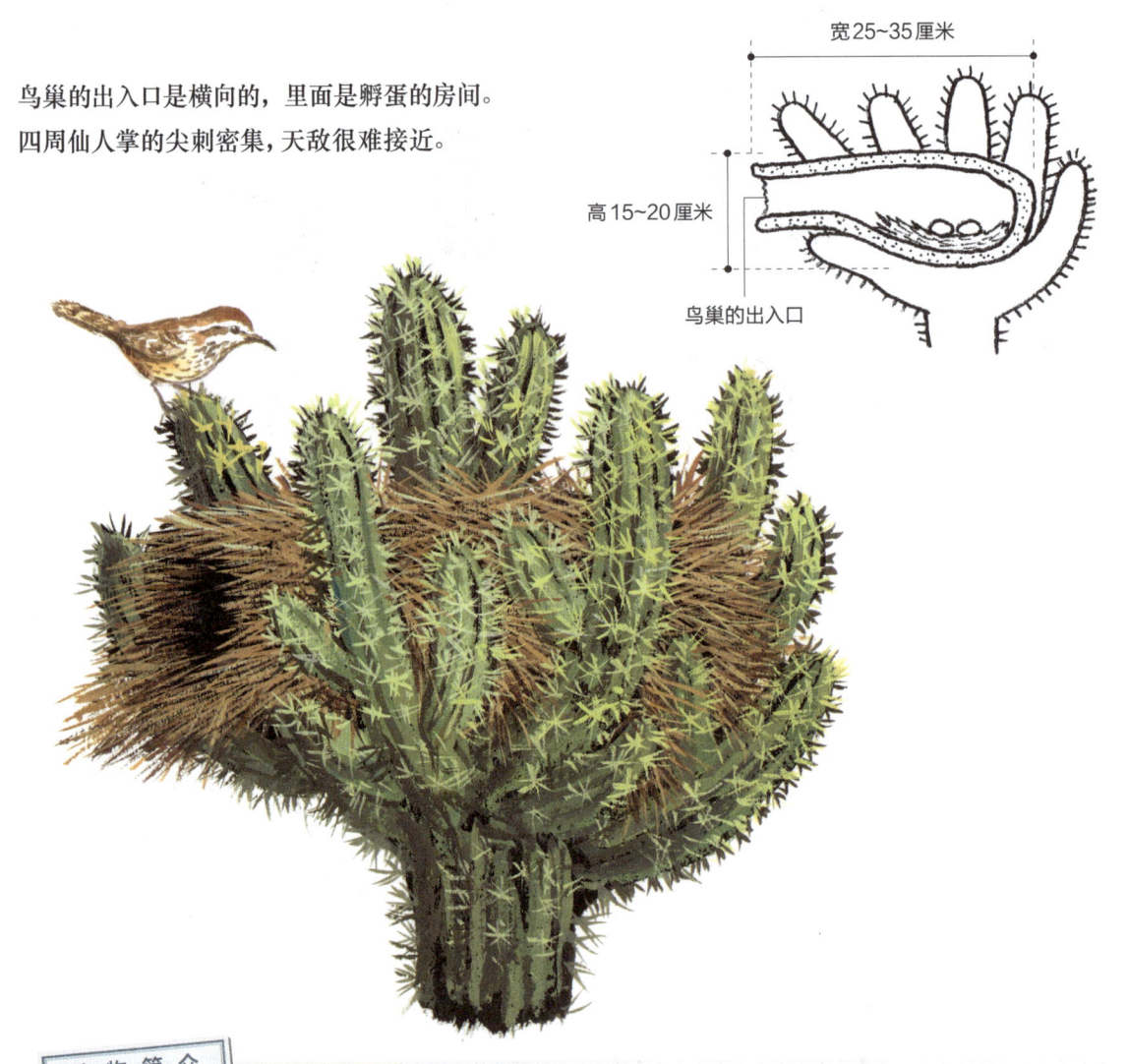

鸟巢的出入口是横向的，里面是孵蛋的房间。
四周仙人掌的尖刺密集，天敌很难接近。

宽25~35厘米
高15~20厘米
鸟巢的出入口

动物简介

棕曲嘴鹪鹩
Campylorhynchus brunneicapillus
鹪鹩科 曲嘴鹪鹩属
英文名：Cactus Wren
全长：18~23厘米
分布区：北美洲、中美洲到南美洲北部

仙人掌鹪鹩是鹪鹩科的一种，栖息在半沙漠地带。它们的特征是有长长的尾羽和有点向下弯曲的喙。杂食，吃昆虫、果实和种子，水分大多是从食物中汲取的。

走鹃也在仙人掌中筑巢，它们会筑一个像盘子一样的鸟巢。鸟巢外层选用带刺的树枝。

响尾蛇等天敌会袭击它们的鸟蛋和雏鸟，但因为有仙人掌和树枝的尖刺保护，所以这些天敌无法接近鸟巢。

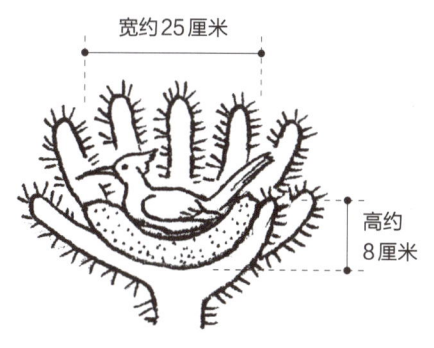

宽约25厘米

高约8厘米

它们经常用蛇蜕下来的皮做筑巢的材料。

动物简介

走鹃

Geococcyx californianus

杜鹃科 走鹃属

英文名：Greater Roadrunner
全长：约55厘米
分布区：美国东南部到墨西哥

走鹃是栖息在沙漠和草原地带的大型鸟类。腿部异常发达，虽然它们也能飞，但主要在陆地上行动。走鹃可以以时速30千米以上的速度奔跑。它们的尾羽很长，杂食，吃蜥蜴、蛇类及果实等。

[用刺保护自己的动物]

印度豪猪

蓟（jì）

在优胜劣汰的残酷自然界，如果无法活下来就无法繁衍后代。身上长刺是保护自己的方法之一。

也有随身携带巢穴保护自己的动物。

带着巢穴到处跑的条纹蛸

条纹蛸，俗称条纹章鱼，经常会带着双壳贝或椰子壳等坚硬的、与自己身体大小差不多的东西到处跑。
它们察觉到危险时，会立刻钻进去，盖上盖子来保障自己的安全。

即使是自己的天敌海鳝靠近也不怕。

动物简介

条纹蛸
Amphioctopus marginatus
蛸科 蛸属
英文名：Coconut Octopus
全长：约30厘米
分布区：印度洋到西太平洋的温暖海域

为了保护自己，条纹蛸(shāo)经常带着双壳贝等到处走。它们是有带巢移动习性的章鱼之一。它们也会利用椰子壳或人工制品，只要发现跟自己身体大小差不多的东西，就抓住不放手。

为了保护自己，会利用各种东西。

只要是符合自己身体大小的东西，不只是双壳贝，还有陶器或瓶子等人工制品，它们都会充分利用。

在热带地区，它们会用椰子壳代替双壳贝，所以也被称为"椰子章鱼"。

[用硬壳保护自己的动物]

蜗牛
生下来就带壳。

寄居蟹
随着身体的成长，会更换符合身体大小的壳。

扁船蛸
是可以自己造壳的章鱼类（只限雌性）。

猫咪喜欢钻进箱子里，说不定它们也是为了寻求一个安心的场所。

还有用自己体内分泌的液体筑巢穴的动物。

从体内分泌液体筑巢穴

住囊虫是看起来像蝌蚪一样的浮游动物，遍布世界各个海域。
它们可以用自己分泌的液体筑造明胶质地的"房子"，然后住在里面，
在海洋中漂流，捕食浮游动物。

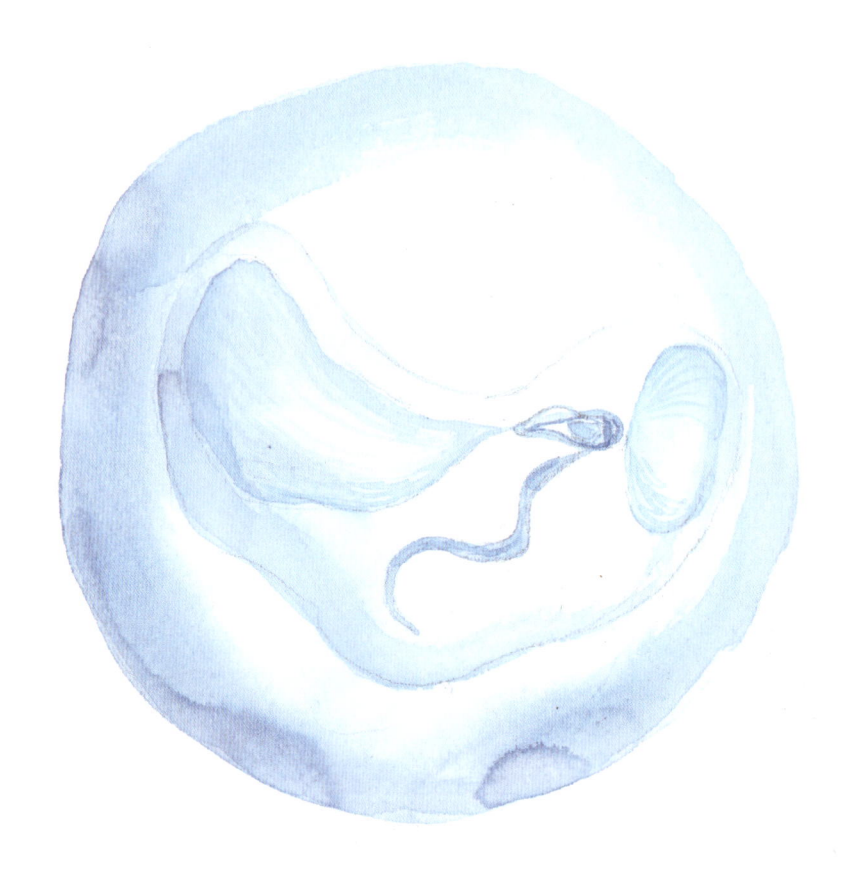

动物简介

住囊虫
Oikopleura sp.
尾海鞘科 住囊虫属
英文名：Gonad Tunicate
全长：约5毫米
分布区：全世界的海域

住囊虫是一类尾索动物，一类过着浮游生活的小型类海鞘动物。外形类似蝌蚪，这一点虽然与海鞘共通，不过海鞘随着成长会变态，然后附着在海底，而住囊虫则一生都会保持着如蝌蚪般的形态过浮游的生活。

建造"房子"的方法

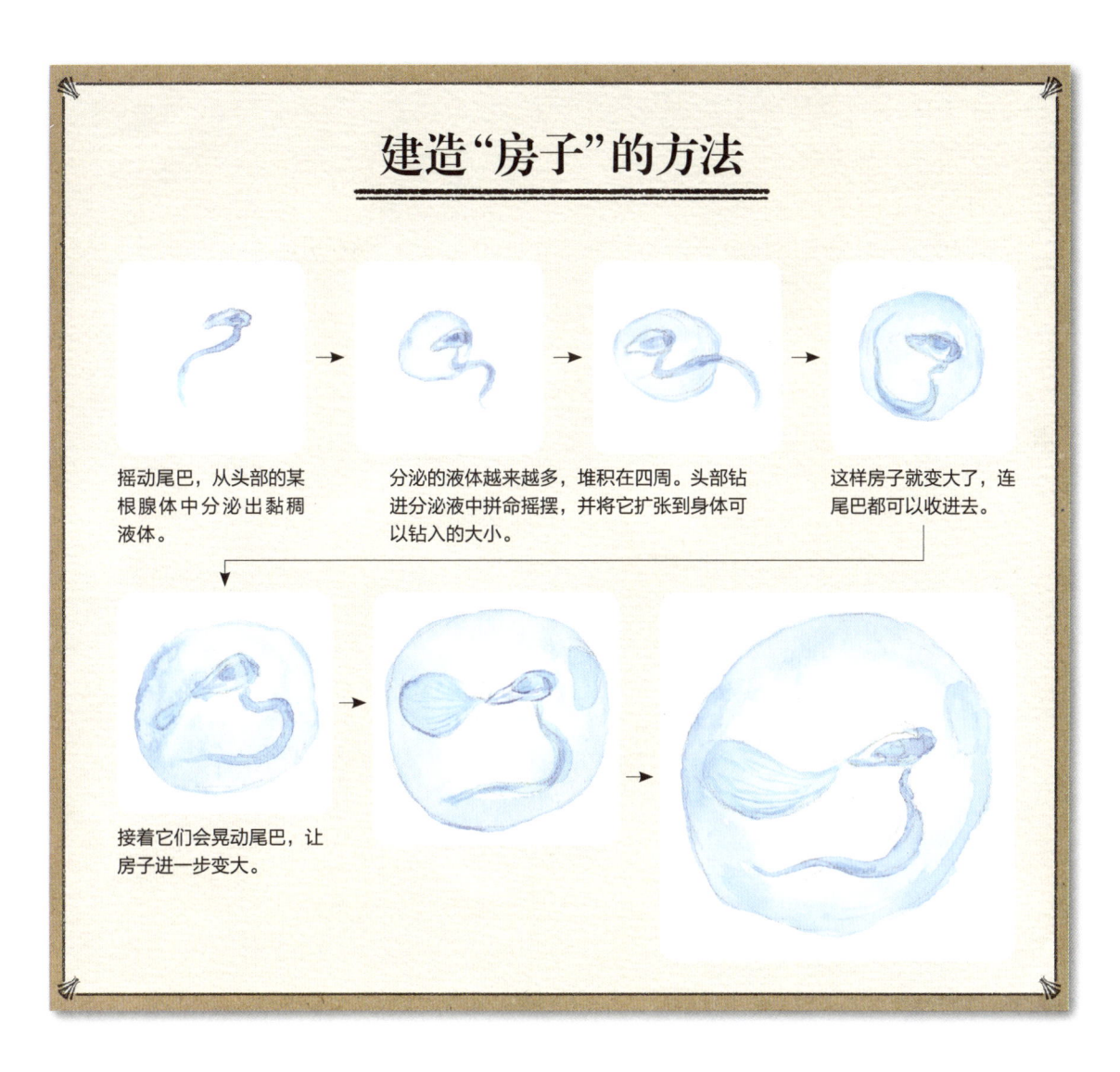

摇动尾巴，从头部的某根腺体中分泌出黏稠液体。

分泌的液体越来越多，堆积在四周。头部钻进分泌液中拼命摇摆，并将它扩张到身体可以钻入的大小。

这样房子就变大了，连尾巴都可以收进去。

接着它们会晃动尾巴，让房子进一步变大。

住囊虫造一个房子只要几分钟，而且随时随地都能造。
房子的出入口有过滤装置，可以将能吃的浮游生物收集起来，然后送到其嘴边。
过滤装置一旦堵住，住囊虫就会舍弃旧房子，重新造一座新房子，于是旧房子就变成了其他动物的食物。

高约8毫米
宽约8毫米

也有吃掉其他生物，并在它们体内繁衍后代的动物。

55

将猎物当成巢穴的动物

定居慎戎是全长约3厘米的小型甲壳类动物（与虾、螃蟹同类）。它们会捕捉浮游海鞘（火体虫或纽鳃海樽）等有明胶质身体的动物，将这些猎物的内部组织吃干净后，把外部身体的部分加工成桶形，然后在其中生活并产卵。

动物简介

定居慎戎

Phronima sedentaria

慎戎科 慎戎属
英文名：Deep-sea Pram Bug
全长：约3厘米
分布区：广泛分布在太平洋、印度洋和大西洋

定居慎戎是一种像透明虾一样的小型甲壳类动物。它们有两个大钳子，外形像异形一样可怕。它们把猎物当成巢穴的奇特习性令人惊讶！

定居慎戎的猎物

紫海刺水母的幼体　　　　太平洋黄金水母类　　　　行灯水母类

定居慎戎的后代，会吃像"摇篮"一样的巢穴外侧的明胶，或是吃被父母抓来的水母长大。

被定居慎戎的后代吃的"摇篮"，同时还起到保护它们的作用。

"摇篮"呈木桶状。

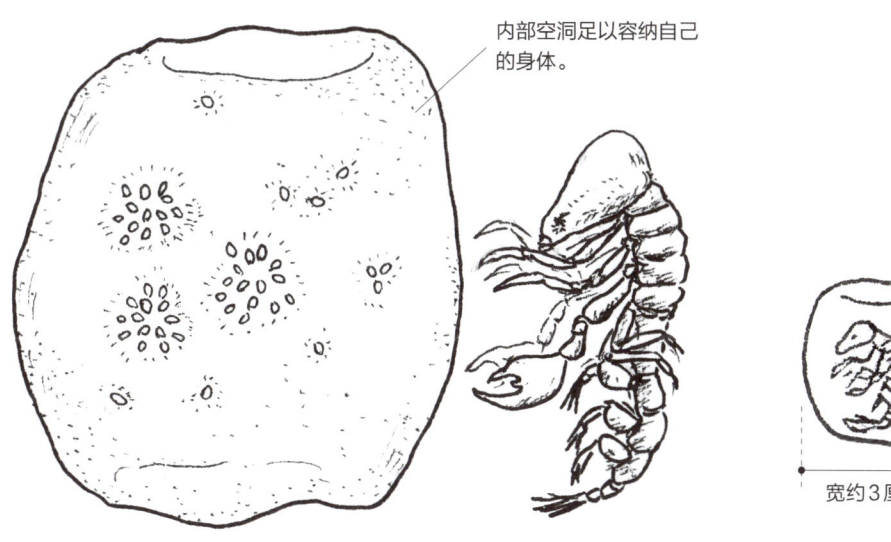

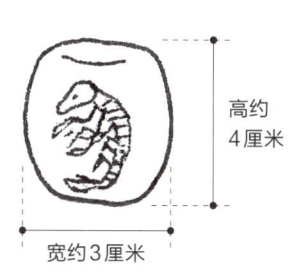

内部空洞足以容纳自己的身体。

高约4厘米

宽约3厘米

即便是这样的海中小动物，
为了孕育新生命，也会创造出安全的空间。

水中也有会造巢穴的鱼。

57

鱼所造出的球形巢穴

库页多刺鱼是刺鱼科鱼类。
雄鱼会用水草筑成球形的巢穴，雌鱼则会在巢穴中产卵。
卵从孵化到幼鱼长大全部由雄鱼照料。

动物简介

库页多刺鱼
Pungitius tymensis
刺鱼科 多刺鱼属
英文名：Sakhalin Stickleback
全长：约6厘米
分布区：库页岛和日本北海道附近的河川里

库页多刺鱼是一种多刺鱼。它们喜欢水草茂盛、河流舒缓的小河。多刺鱼是三刺鱼的一类，背上的刺很多，它们的特征是体型短小。每年4—7月，它们会筑球形的巢穴产卵。

大小与高尔夫球相当。

雄鱼用自己分泌的黏液固定水草等材料来筑巢。

鱼卵约1.5毫米大小，一次会产30～200粒。

库页多刺鱼的育儿方式

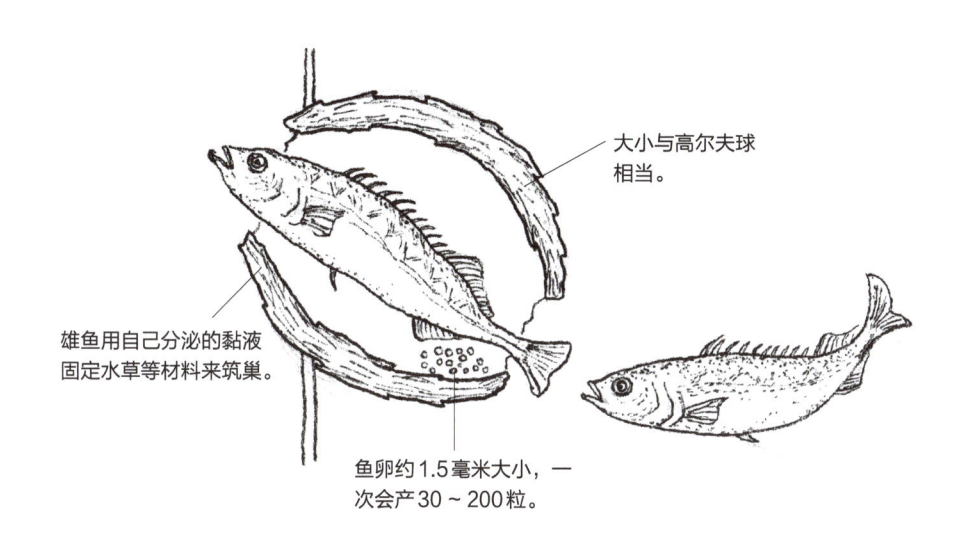

1. 雄鱼筑巢，然后以"之"字形摇摆向雌鱼求偶。

2. 如果中意雄鱼，雌鱼就会进入巢穴中产卵，雄鱼也会进入巢中为卵授精。

3. 雄鱼一边守护着巢穴和鱼卵，一边扇动着鱼鳍，为巢穴中的鱼卵送进新鲜的氧气（类似于"手动扇风"）。

4. 鱼卵会在7～10天后孵化，雄鱼会一直守护它们，直到小鱼离巢。

在草原上也有筑成球形巢穴的动物。

用草茎筑成的球形巢穴

巢鼠是栖息在草原或河边的世界上最小的鼠类。
它们在芒草或茅草的茎干上，用植物的叶子筑成球形的巢穴。

动 物 简 介

巢鼠

Micromys minutus

鼠科 巢鼠属
英文名：Harvest Mouse
全长：6~7厘米
分布区：广泛分布在欧洲和亚洲各地

巢鼠是世界上最小的一种啮齿类动物，它们会在禾本科植物的茎干上筑球形的巢穴。巢鼠长长的尾巴非常灵活，可以当"手脚"一样使用。它们即使离开地面，在"空中"也能自由地活动。它们会根据季节来改变巢穴的高度，到了冬天就会转入地下生活。

分别使用两种类型的巢穴

巢鼠的球形巢穴分养育后代用和休息、暂时庇护用两种。

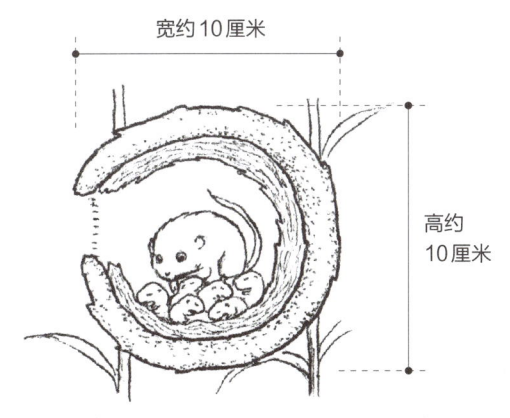

宽约10厘米
高约10厘米

育儿用的巢穴稍微大些,很牢固,里面放了一些柔软的芒草的穗子等。

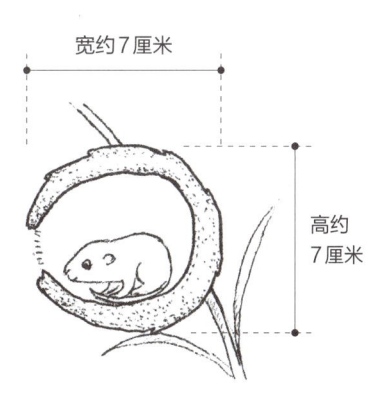

宽约7厘米
高约7厘米

作为休息、暂时庇护用的巢穴会比育儿用的巢穴稍微小一点,建得也较为粗糙。

筑巢的方法

一到紧急时刻就会搬家

巢鼠的警戒心非常强,一旦觉察到有危险,哪怕只是感觉到脚步的振动,它们也会躲起来。如果它们觉得巢穴会遭到其他动物的破坏,就会立刻搬到新家去。

它们收集芒草,一圈圈地将自己围在当中,编成圆球。

在旧巢附近筑新巢,叼着孩子搬家。

还有动物在树上筑造球形的巢穴。

61

树上的球形巢穴

日本松鼠会在树杈上利用小树枝、枯叶、藤蔓、树皮等筑造一个有横向出入口的巢穴。

松鼠一般都在白天活动,它们会在早上离巢,然后在傍晚回到巢中。

一只松鼠在自己的活动范围内可同时使用数个巢穴。它们会根据不同的情况使用不同的巢穴。

动物简介

日本松鼠

Sciurus lis

松鼠科 松鼠属
英文名:Japanese Squirrel
全长:30~40厘米
分布区:日本的本州、四国、九州

日本松鼠是日本特有的种类,它们拥有蓬松的尾巴,可以在地上和树上快速移动。素食,以植物的果实和种子等为食。像核桃这种有坚硬外壳的果实,它们也能用尖锐的牙齿嗑开。它们会储藏过冬的食物,将橡树子和核桃等食物埋在土中储存起来。

宽约40厘米

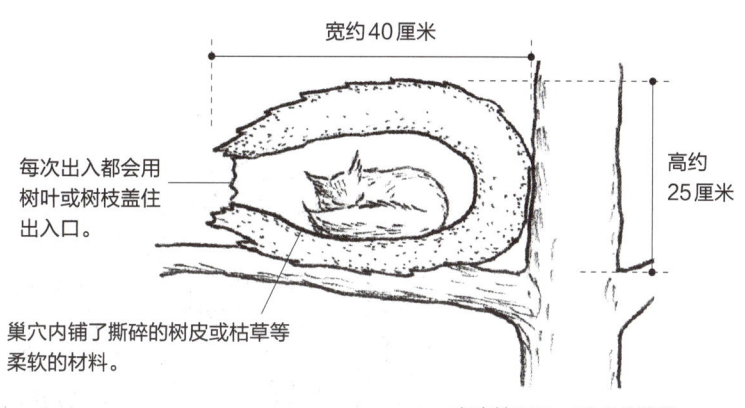

每次出入都会用
树叶或树枝盖住
出入口。

高约
25厘米

巢穴内铺了撕碎的树皮或枯草等
柔软的材料。

在离地面5~20米处筑巢。

松鼠的巢穴。时
间长了就会松散。

乌鸦的同一类松鸦也会在相同的地方筑建差不多大小的碗形巢穴。从下面看上去，会误以为是松鼠的巢穴。它们在中间的凹处设置了产卵孵蛋的地方，使用的材料比较柔软。
它们的巢穴没有松鼠巢穴的横向出入口，由此可辨别二者的巢穴。

| 动 物 简 介 |

松鸦

Garrulus glandarius
鸦科 松鸦属
英文名：Eurasian Jay
全长：约33厘米
分布区：亚欧大陆到非洲西北部

松鸦如鸽子般大小，是一种鸦类。杂食，以昆虫、果实和种子等为食。声音叫起来如同"Jay, Jay"，英文名由此而来，它们还擅长模仿其他鸟类的叫声。和日本松鸦一样，喜欢将橡树子埋在树皮的缝隙间来储藏食物。

松鼠的巢穴是横宽的球形，还有动物会收集树叶来筑成卷心莴苣形状的巢穴。

63

卷心莴苣形状的巢穴

栖息在森林里的日本睡鼠会在树上、岩石上、树洞等地收集树叶来筑成卷心莴苣形状的巢穴。
"育儿"用的巢穴还会使用树皮和青苔编织,里面铺上青苔可以为幼崽防寒。

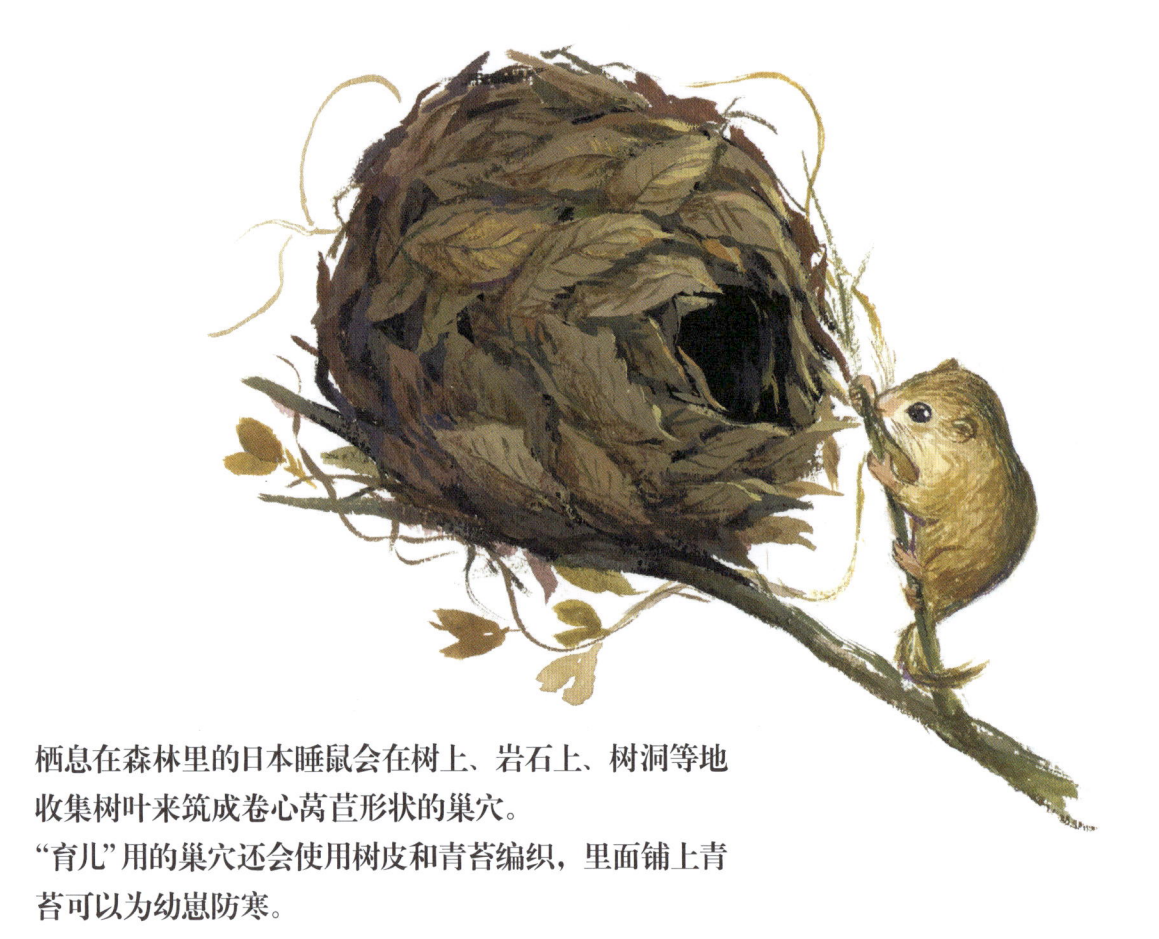

在树上的巢穴　　　　在树洞里的巢穴

动物简介

日本睡鼠

Glirulus japonicus

睡鼠科 睡鼠属
英文名：Japanese Dormouse
全长：10~15厘米
分布区：日本的本州、四国、九州

睡鼠是一种栖息在森林里的啮齿类动物。日本睡鼠是日本特有种类。它们有长长的胡须,背部有黑色的竖条纹。杂食,以花蜜、植物的种子和昆虫为食。

大家都知道日本睡鼠是会冬眠的动物，需要为过冬储备充足的营养，气温一旦下降，它们就会蜷起身体冬眠。

它们会在树洞或树皮的缝隙间、地下或落叶下、蜂巢箱或民宅等各种场所冬眠。一旦体温下降就会抑制身体的新陈代谢，不吃不喝一直睡觉。

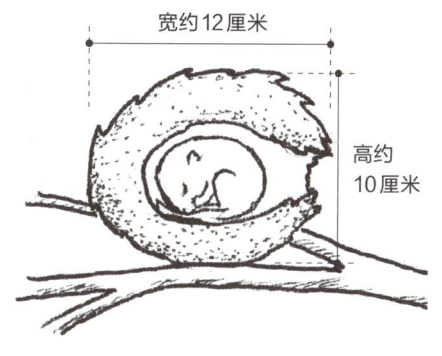

宽约12厘米

高约10厘米

增筑的部分

旧的鸟巢

它们会改造鸟类的弃巢，用枯叶做出个屋顶，然后当作自己的巢穴使用。

在树上筑巢的，还有更大的动物。

65

哺乳动物会搭建一个像鸟巢一样的窝

南浣熊作为中型哺乳动物，是少见的会像鸟类一样在树上搭窝生活的哺乳类。

动物简介

南浣熊

Nasua nasua

浣熊科 南浣熊属
英文名：Ring-tailed Coati
全长：80~130厘米
分布区：北美洲南部到南美洲

南浣熊是拥有细长的尖鼻子和横条纹长尾巴的哺乳动物。它们擅长爬树，除了"育儿"，也会在树上活动。雄熊独居，而雌熊常多个结群，与10～20头幼崽过着群居生活。它们以昆虫、小动物和果实等为食。

在距离地面10米左右的树上，用周围的树枝和树叶筑成一个碗形的窝巢。窝巢分繁殖用和休息用两种。

50～55厘米

也会使用其他鸟类的鸟巢。

南浣熊不仅自己搭窝，
还会利用丽鹰雕等大型鸟类的弃巢。

动物简介

丽鹰雕
Spizaetus ornatus
鹰科 黑白鹰雕属
英文名： Ornate Hawk-eagle
全长： 56~69厘米
分布区： 墨西哥东南部到阿根廷北部等

既有在高高的树上筑巢的动物，
也有在地下筑巢的动物。

67

这是什么动物的巢穴？

其实，这是鼹鼠的窝。

鼹鼠在地下挖掘隧道，以蚯蚓和昆虫等为食。隧道里有若干个房间，在"育儿"的房间里，它们会筑造球形的洞穴。

宽约15厘米

高约5厘米

动物简介

日本小鼹鼠
Mogera imaizumii
鼹科 鼹属
英文名： Lesser Japanese Mole
全长： 约14厘米
分布区： 日本本州中部以北

鼹鼠会在地下挖隧道，是以蚯蚓和昆虫等为食的哺乳动物。它们的眼睛虽然退化了，但是触觉和嗅觉异常发达。前腿长在身体两边，便于挖洞。在田野上看到的鼹鼠丘并不是它们的洞穴，而是挖隧道时刨出来的土。

鼹鼠丘是如何形成的？

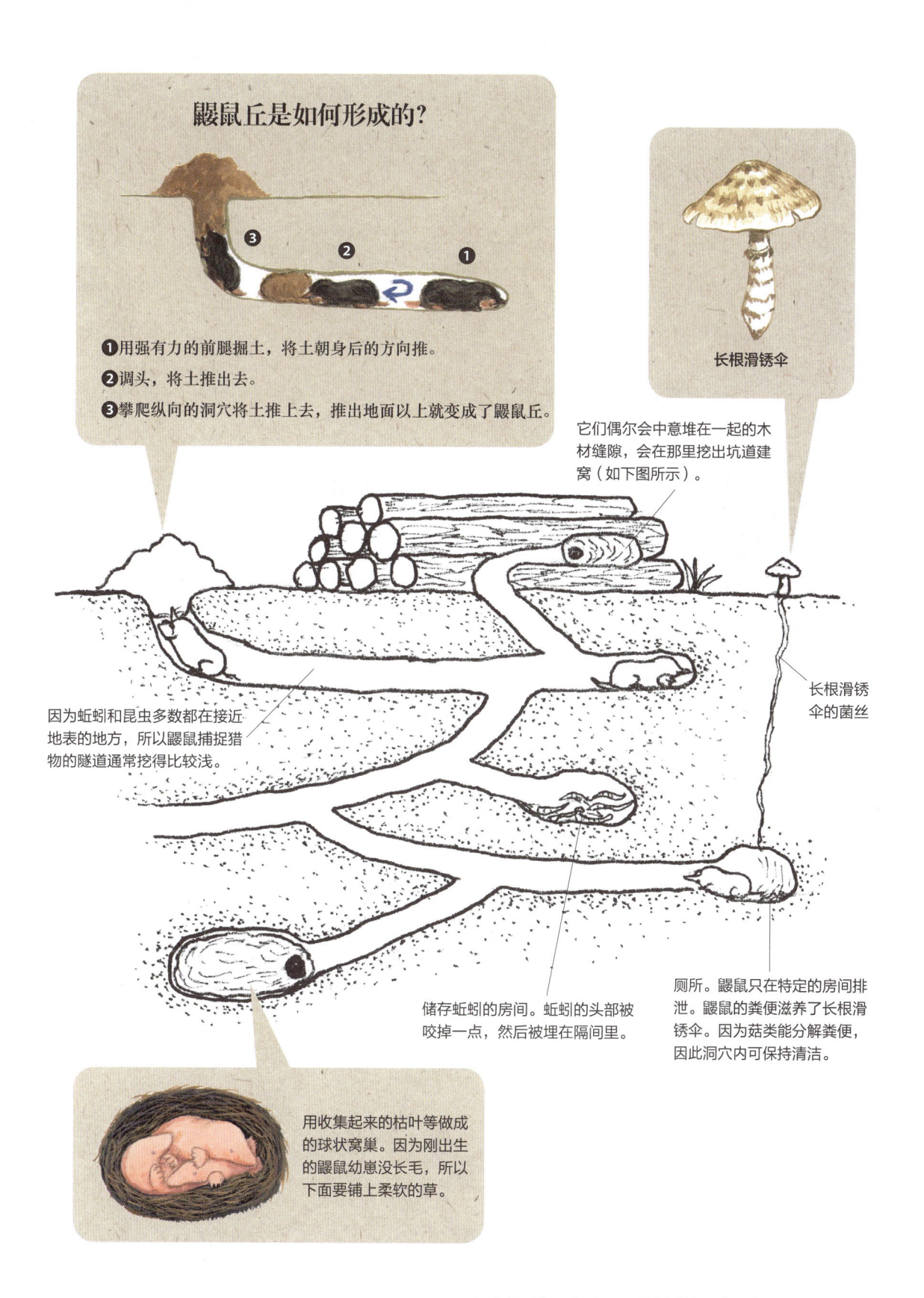

❶ 用强有力的前腿掘土，将土朝身后的方向推。
❷ 调头，将土推出去。
❸ 攀爬纵向的洞穴将土推上去，推出地面以上就变成了鼹鼠丘。

长根滑锈伞

它们偶尔会中意堆在一起的木材缝隙，会在那里挖出坑道建窝（如下图所示）。

长根滑锈伞的菌丝

因为蚯蚓和昆虫多数都在接近地表的地方，所以鼹鼠捕捉猎物的隧道通常挖得比较浅。

储存蚯蚓的房间。蚯蚓的头部被咬掉一点，然后被埋在隔间里。

厕所。鼹鼠只在特定的房间排泄。鼹鼠的粪便滋养了长根滑锈伞。因为菇类能分解粪便，因此洞穴内可保持清洁。

用收集起来的枯叶等做成的球状窝巢。因为刚出生的鼹鼠幼崽没长毛，所以下面要铺上柔软的草。

还有像迷宫一样错综复杂的洞穴。

69

像迷宫一样错综复杂的地下巢穴

獾是能掘洞搭窝的动物。
通常,獾的巢穴有多个出入口,与若干个房间和地下通道相连,其通道总长度达50～100米。

英文将獾的巢穴称为"Sett"。
在这些巢穴中,甚至有从中世纪持续使用了数百年,出入口超过100个,房间50多个,通道总长度超过1000米的巢穴,宛如一个巨大的地下迷宫。

动物简介

狗獾

Meles meles

鼬科 狗獾属
英文名:Eurasian Badger
全长:约80厘米
分布区:广泛分布在欧洲、中东、亚洲各地

狗獾是体形矮墩墩的、短腿的哺乳动物。它们强健的前腿和利爪擅长挖洞。杂食,以鼹鼠、老鼠等小型动物及蚯蚓和植物的根等为食,在地下错综复杂的洞穴中生活。

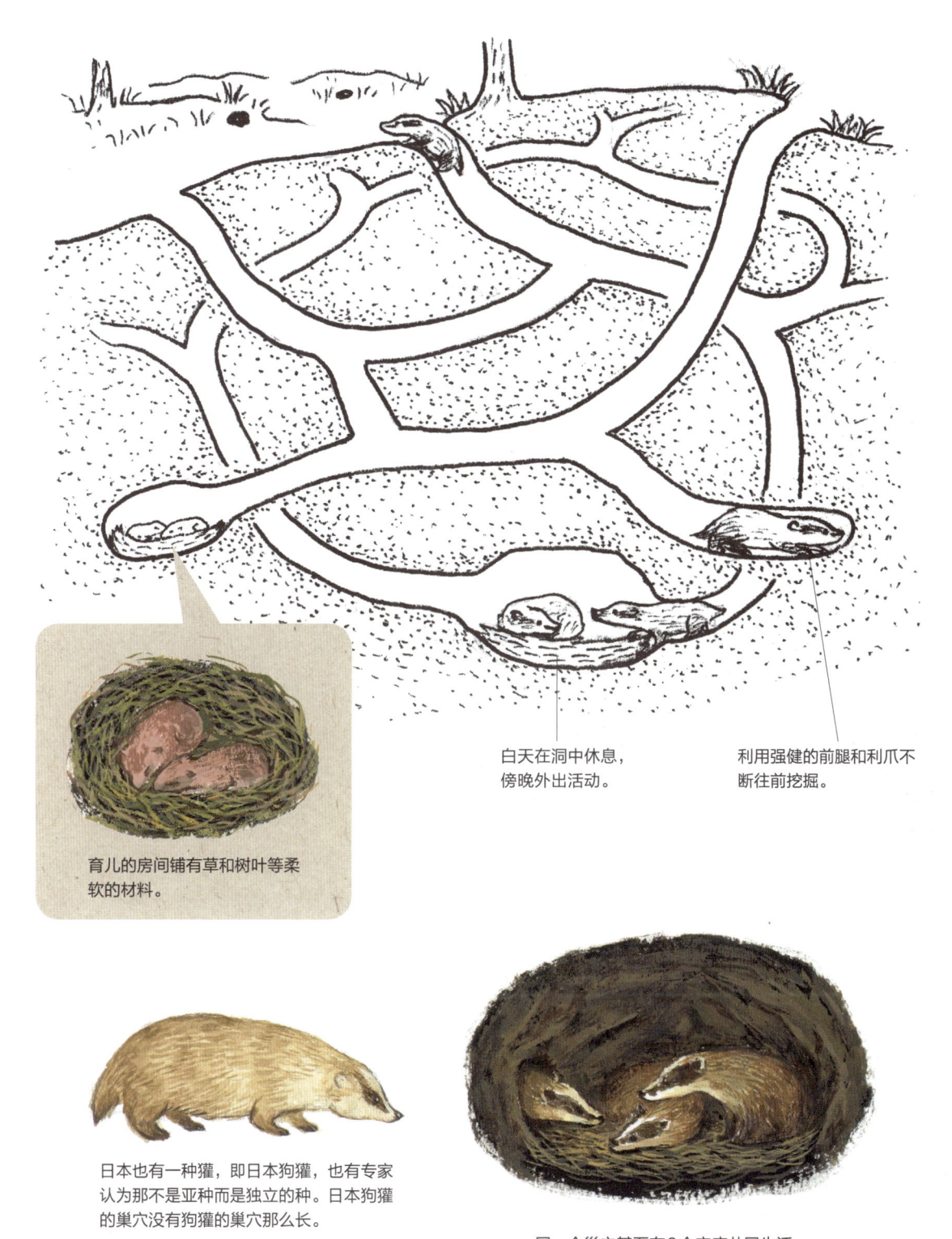

育儿的房间铺有草和树叶等柔软的材料。

白天在洞中休息，傍晚外出活动。

利用强健的前腿和利爪不断往前挖掘。

日本也有一种獾，即日本狗獾，也有专家认为那不是亚种而是独立的种。日本狗獾的巢穴没有狗獾的巢穴那么长。

同一个巢穴甚至有3个家庭共同生活。

兔子也是会挖洞筑穴的动物。

挖穴的兔子和不挖穴的兔子

栖息在欧洲的穴兔也会筑造通过长长的隧道连接数个房间的地下巢穴。
这种巢穴英文称其为"Warren"——兔穴,由一只雄兔与数只雌兔共同生活在其中。在地下巢穴中,每个雌兔都有自己的"寝室",还有紧急逃跑用的逃生口。育儿用的巢穴则会另筑。

动物简介

穴兔

Oryctolagus cuniculus

兔科 穴兔属

英文名：European Rabbit
全长：约50厘米
分布区：原始分布于南欧至非洲西北,后引入欧洲其他地区以及大洋洲、南美洲等地

穴兔是一种栖息在草原上,以草作为食物和隐匿之处的中型哺乳动物。它们的大耳朵能很快地发现靠近的捕食者,发达的后腿会以跳跃的方式迅速逃走。

穴兔的巢穴，铺着柔软的草和雌兔的毛。

雌兔在哺乳后会用土将巢穴的出入口盖住，这是为了避免鼬等天敌袭击。

休息用的房间

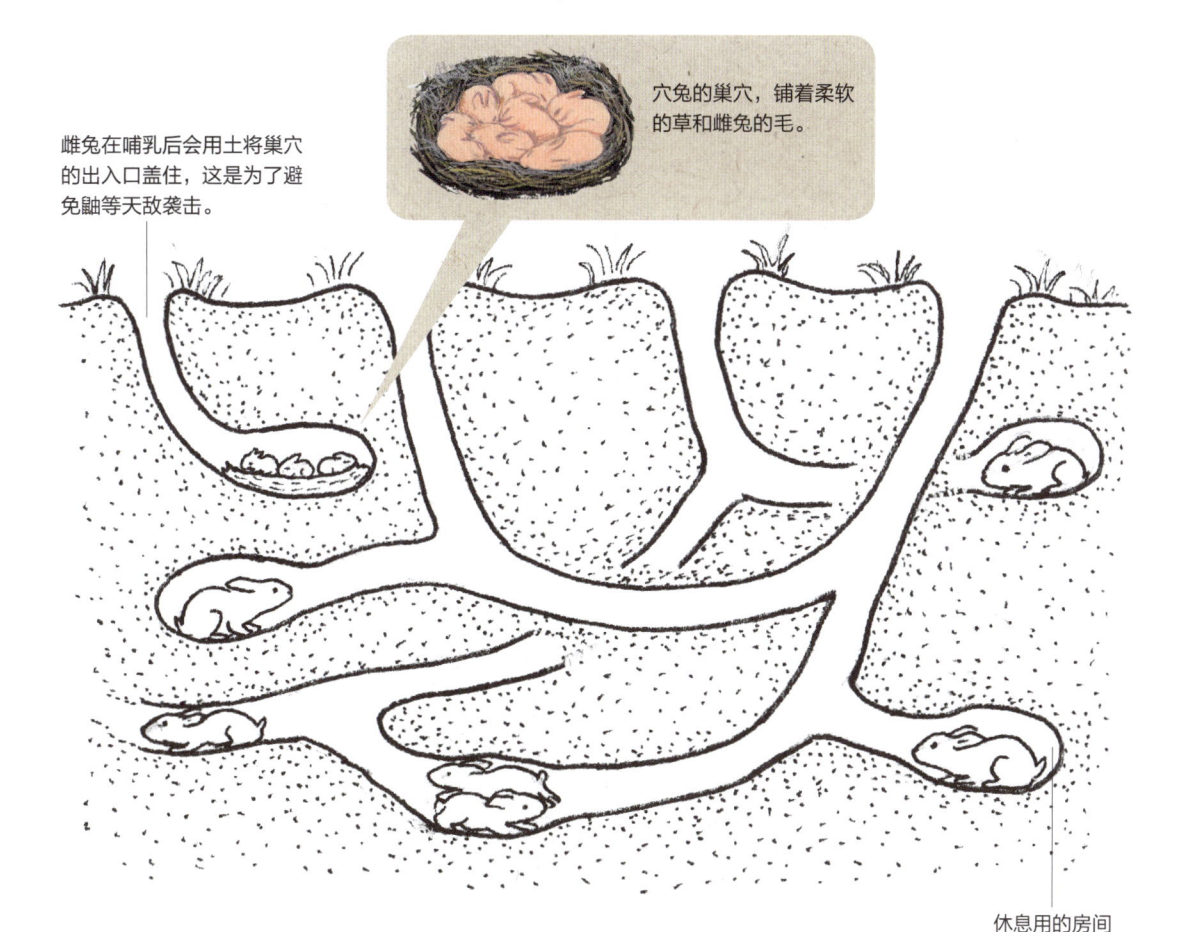

旷兔与穴兔

旷兔，就是我们常说的野兔，它们刚生下来的幼崽就有毛，而且马上就能活动，所以它们选择在草丛的低洼地中产崽。

而穴兔，包括家兔，它们的幼崽出生时没长毛，身上光秃秃的，眼睛也看不见，所以它们一定要在隐蔽的巢穴中生养幼崽。

旷兔的窝，就是在洼地中铺点野草。

在日本国内栖息的日本旷兔。

还有一种在隧道中踩来踩去生活着的、光秃秃不长毛的奇怪动物。

73

相互踩来踩去，在洞穴中和睦生活

在东非的干燥地带，生活着许多奇怪的动物。
裸鼹形鼠如同其名，全身几乎不长毛，形似鼹鼠，却是一种老鼠。
它们由一只"女王"（族群的支配者）与1～3只繁殖雄鼠（与女王交配）、5～6只卫兵雄鼠（守护族群不被天敌袭击）以及大量的"用人"雌鼠（收集食物、挖隧道、打扫洞穴、照顾孩子等）构成阶级社会，组成约300只的裸鼹形鼠族群。

动物简介

裸鼹形鼠

Heterocephalus glaber

滨鼠科 裸鼹形鼠属
英文名： Naked Mole Rat
全长： 约12厘米
分布区： 东非

它们的特征是身体几乎不长毛，有巨大的门牙，属于啮齿类动物。它们只分布在东非，成群地生活在地下隧道里。裸鼹形鼠的族群是"阶级社会"，"女王"站在阶级制高点，下级"用人"甚至有担任幼鼠"棉被"的工作，可谓是相当独特的类群。

为什么裸鼹形鼠不长毛？

裸鼹形鼠挖掘的隧道有些甚至超过 1000 米。

隧道中有各种名目的房间，除了育儿用和休息用的房间外，还有与可成为食物的植物根部相连的房间。

隧道中的温度一般在 30℃左右，因为不需要外出，所以就不需要保暖用的毛发。

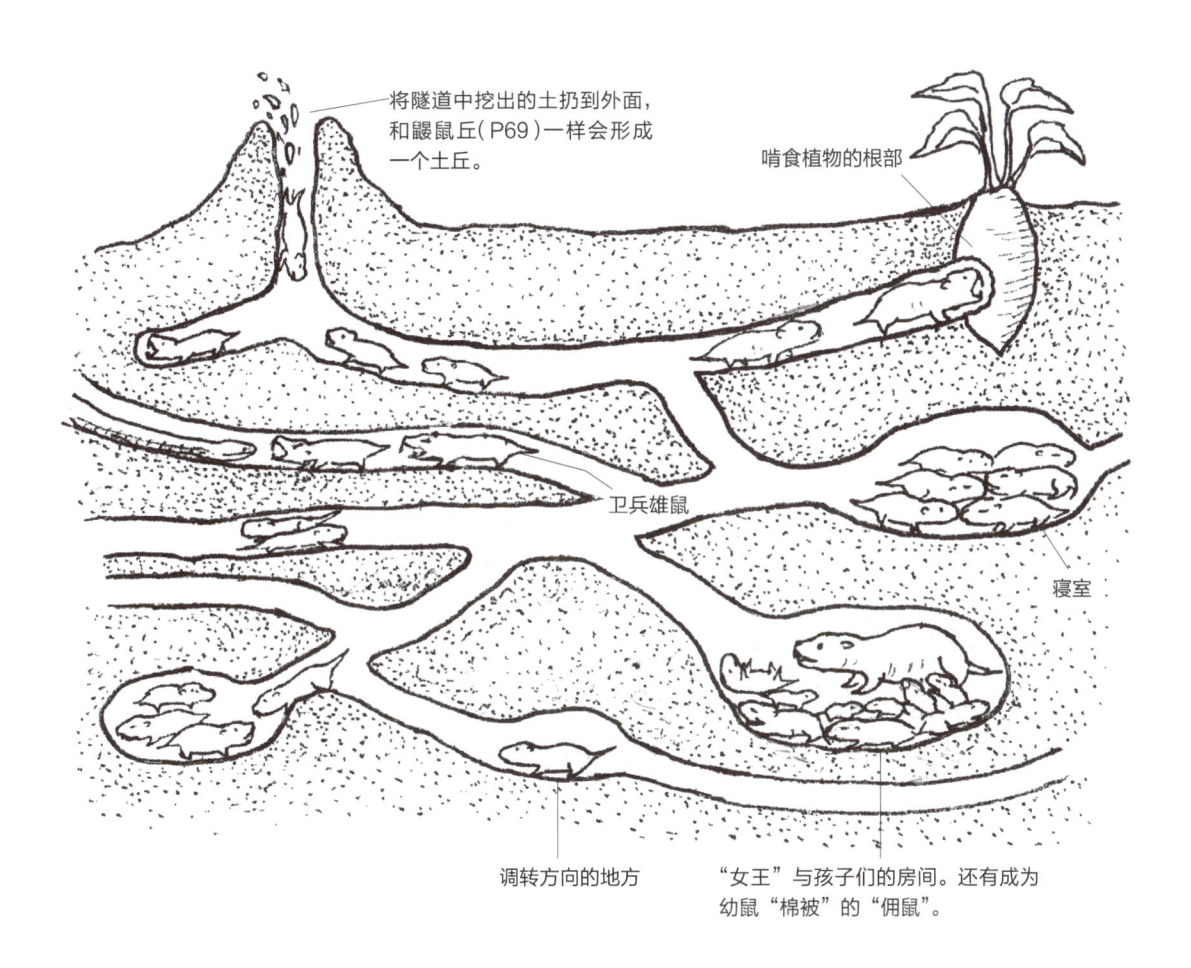

将隧道中挖出的土扔到外面，和鼹鼠丘（P69）一样会形成一个土丘。

啃食植物的根部

卫兵雄鼠

寝室

调转方向的地方

"女王"与孩子们的房间。还有成为幼鼠"棉被"的"佣鼠"。

隧道的挖掘方式	在通道内相遇
用强有力的门牙掘土，然后将土蹬到身后去。大约全身肌肉的 1/4 都长在下巴上。	当两只裸鼹形鼠相遇时，要从对方的身上跨过，所以相互踩来踩去的情况比较多。

还有一种具有"空调"效果的地下隧道。

住在有"空调"效果的隧道里

草原犬鼠，俗称土拨鼠，是栖息在草原上的一类地松鼠。
虽然其英文名中有个"Dog"，但它们不是狗。
它们的洞穴中有数个房间，居住着由1只雄鼠、3~4只雌鼠组成的家庭。

洞穴的出入口被称为土丘，分成低土丘（盾形火山型）和高土丘（锥形火山型）。
由这两种高低差产生的气压差，使得隧道内总是有新鲜空气流入。草原犬鼠就是利用这种方式创造了具有天然"空调"效果的洞穴。

动物简介

黑尾草原犬鼠

Cynomys ludovicianus

松鼠科 草原犬鼠属
英文名：Black-tailed Prairie Dog
全长：约40厘米
分布区：北美洲

黑尾草原犬鼠是在草原地带挖穴生活的地松鼠。一旦发现天敌，就会像狗一样大叫，警告同伴。因为这个习性，所以它们的英文名中有"Dog"一词。它们是素食动物，以禾本科的草类为食。

高土丘（锥形火山型）
紧急出入口。具有烟囱一样的机能，排风用。

黑尾草原犬鼠在土丘上站岗放哨，发现草原狼、雕、隼等天敌时，会通过大叫来通知大家。

低土丘（盾形火山型）
平常的出入口，风会从这里吹进去。

利用气味来确认同伴，相互交流。

休息用的房间也铺着柔软的草垫。

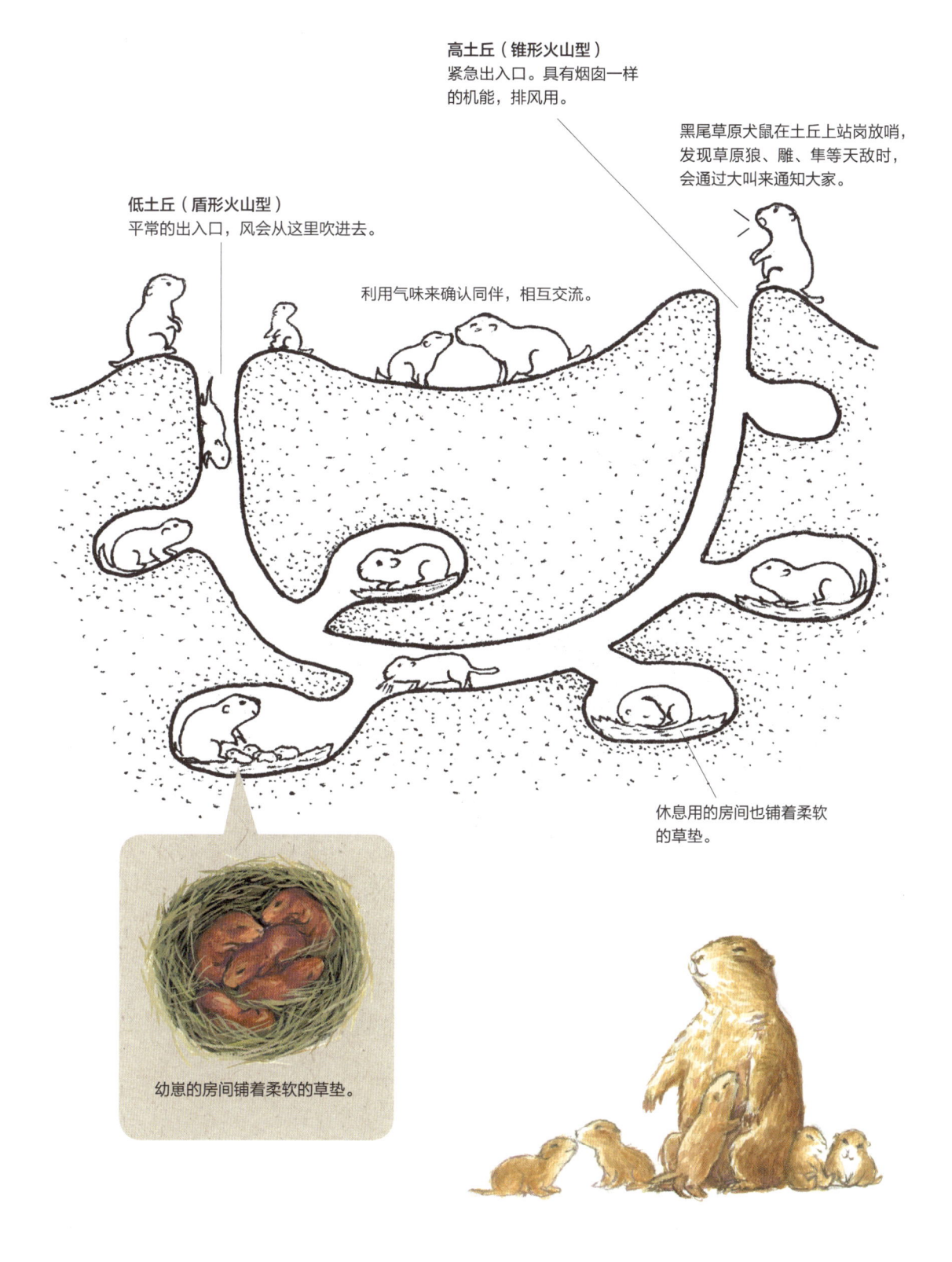

幼崽的房间铺着柔软的草垫。

有一种鸟也住在有"空调"效果的草原犬鼠的洞穴中。

77

住在草原犬鼠洞穴中的猫头鹰

几乎所有的猫头鹰都住在树洞里，或者在雕等大型鸟的弃巢中"生儿育女"，但穴小鸮（xiāo）会将草原犬鼠挖的隧道稍微扩大，然后改建成自己的洞穴。

草原犬鼠在穴小鸮周围居住。当草原犬鼠看到天敌大喊大叫通知同伴时，穴小鸮也顺带着知道了周围有危险。

动物简介

穴小鸮
Athene cunicularia
鸱鸮科 小鸮属
英文名：Burrowing Owl
全长：21~28厘米
分布区：北美洲南部到南美洲

穴小鸮是一种住在草原上的小型猫头鹰。与其他猫头鹰相比，它们的腿比较长，适合在地上行走，擅长奔跑。它们会边跑边低空飞行捕食昆虫或小型动物。穴小鸮其实名副其实，因为它们是穴居的，没有现成的坑洞就自己挖。

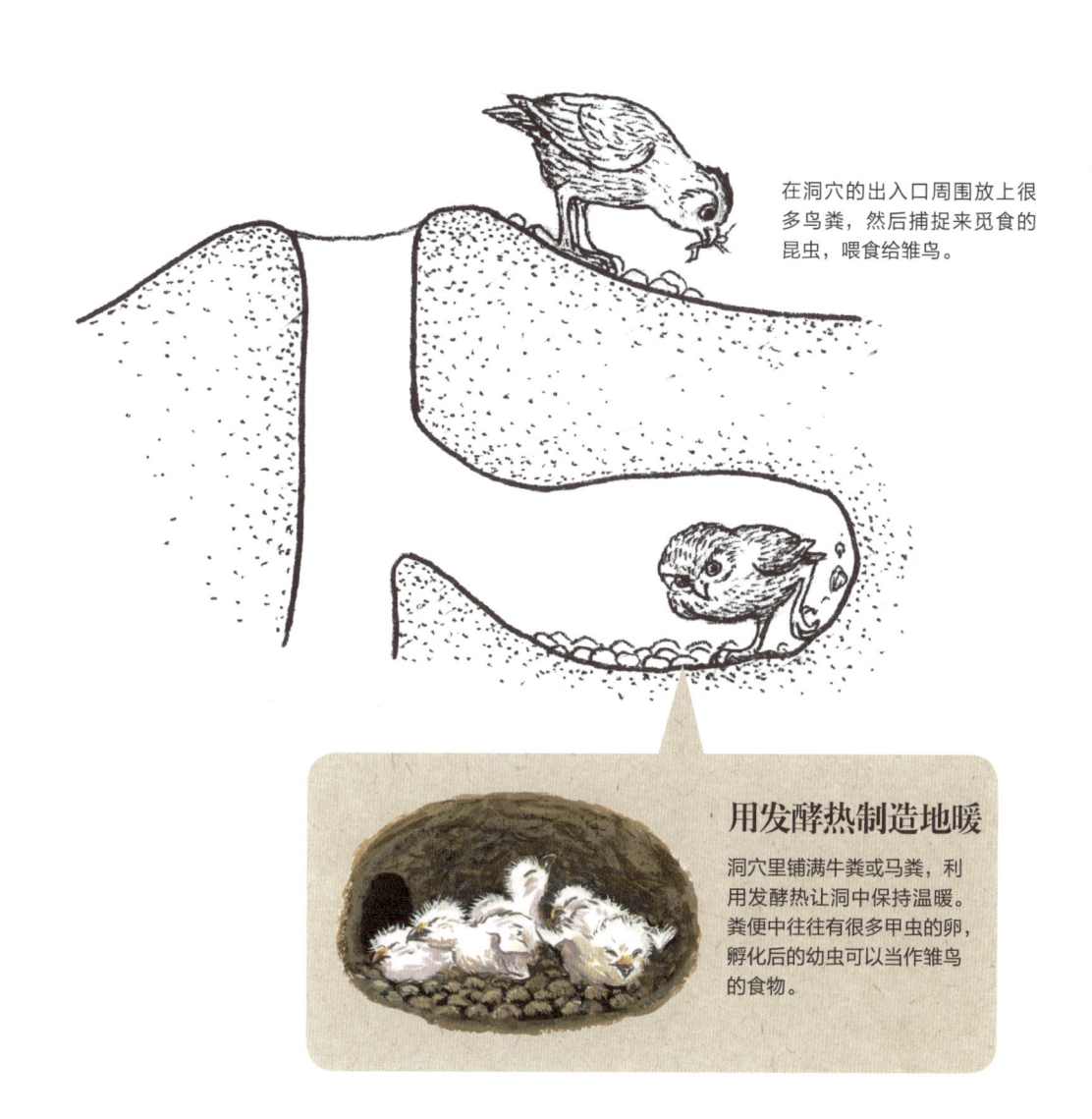

在洞穴的出入口周围放上很多鸟粪，然后捕捉来觅食的昆虫，喂食给雏鸟。

用发酵热制造地暖

洞穴里铺满牛粪或马粪，利用发酵热让洞中保持温暖。粪便中往往有很多甲虫的卵，孵化后的幼虫可以当作雏鸟的食物。

等到雏鸟可以独立时，成鸟就不再喂雏鸟饵食。
肚子饿了的雏鸟就会离开洞穴，去找亲鸟。

还有集体挖洞筑巢的鸟类。

79

在崖边建造的集体住宅

崖沙燕喜欢在河边的土崖等地挖洞筑巢。
在同一处悬崖上会有很多鸟筑巢并"生儿育女",
因此感觉就像住在集体宿舍里一样。

旧的鸟巢容易崩塌,又容易产生寄生虫,所以崖沙燕不会继续使用。
近年来,由于护岸工程和过度开发,可供崖沙燕筑巢的环境正在逐年减少。

动物简介

崖沙燕
Riparia riparia
燕科 沙燕属
英文名:Sand Martin
全长:约12厘米
分布区:广泛分布在世界各地

崖沙燕在海岸或河川附近的山崖上挖洞筑巢,是一种群体筑巢的燕子。以日本来说,它们作为候鸟会飞到北海道过夏天,春天和秋天在本州也能看到它们。它们在空中捕食昆虫。

深60~130厘米

崖沙燕用喙掘土，然后将土拨到外面去，可以挖深度约1米的横向洞穴。洞穴里面稍微宽敞一点，铺上枯草或羽毛做巢。

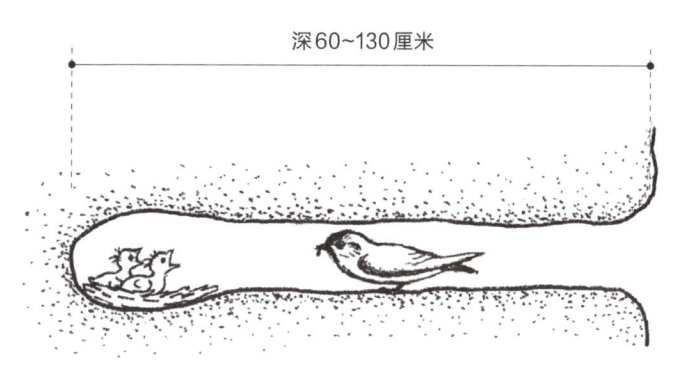

被称为水边宝石的普通翠鸟，也会挖横向洞穴哺育雏鸟。

动物简介

普通翠鸟
Alcedo atthis
翠鸟科 翠鸟属
英文名：Common Kingfisher
全长：约15厘米
分布区：广泛分布在日本、南太平洋诸岛、亚欧大陆和非洲北部

翠鸟是羽毛呈钴(gǔ)蓝色的美丽鸟类，别名"翡翠"。它们具有细长的鸟喙，在水上飞行捕食水中的鱼虾等甲壳类动物。它们会发出像是"唧——"的叫声，在水面上直线飞行。

燕子会筑造各种各样的巢。

81

在崖边筑巢的燕子

栖息在北美洲的美洲燕，会在坚硬的岩壁上用泥土筑出壶形的鸟巢。
它们不是挖洞筑巢，而是在周围堆土筑巢。

它们会在巢中加入枯草和羽毛。

它们也会在桥下等地筑巢。
鸟巢高约15厘米，深约25厘米。

动物简介

美洲燕

Petrochelidon pyrrhonota

燕科 石燕属
英文名： American Cliff Swallow
全长： 约13厘米
分布区： 北美洲、南美洲等地

美洲燕是一种小型燕子，作为候鸟，夏天遍及北美洲全境，繁殖后南下，然后在北美洲南部和墨西哥过冬。它们会在断崖上建造壶形的鸟巢，英文名由此而来。由于全身深蓝色、橙褐色与白色的羽毛相间，其日文名三色燕因此而来。它们会在空中捕食昆虫。

各种燕子筑造的鸟巢

崖沙燕在崖上掘土筑巢(P80)。

金腰燕会在屋檐下的天花板上筑巢,这样一来,就省去了建造鸟巢上半部的辛劳。它们会筑造一个酒壶形的鸟巢。

> **动物简介**
>
> **金腰燕**
> *Cecropis daurica*
> 燕科 斑燕属
> **英文名:** Red-rumped Swallow
> **全长:** 约18厘米
> **分布区:** 广泛分布在非洲中部、欧洲大陆、亚洲等地

> **动物简介**
>
> **家燕**
> *Hirundo rustica*
> 燕科 燕属
> **英文名:** Barn Swallow
> **全长:** 约20厘米
> **分布区:** 广泛分布于世界各地

家燕会在屋檐下筑造碗形的鸟巢。

不同种类的燕子在不同的环境下,会筑出与环境相适应的各种各样的鸟巢,非常好分辨。

还有用土筑成的像碗一样的鸟巢。

83

会筑造碗形巢的鸟

鹊鹩会在树枝上用收集的泥土建造一个碗形的鸟巢。然后在鸟巢中铺上枯草。

鸟巢做得很结实,鸟蛋或雏鸟不容易掉下去。

鸟巢高约9厘米,宽约16厘米。

动物简介

鹊鹩
Grallina cyanoleuca
鹊鹩科 鹊鹩属
英文名: Magpie-lark
全长: 约27厘米
分布区: 澳大利亚及新几内亚岛南部

鹊鹩的羽毛黑白相间,是澳大利亚常见的中型鸟,从农场到街头巷尾,随处可见。它们用粗壮的腿在水边徘徊寻找猎物。筑巢的材料是收集起来的泥土。它们会张开翅膀捍卫自己的势力范围。

筑巢的方法

1. 先在树枝上铺上泥土。

2. 然后坐在正中,在周围堆砌泥土。

3. 当周围筑好之后,鹊鹟会用胸部推挤泥土,用喙调整鸟巢的形状。

4. 在鸟巢中铺上枯草就完成了。

人类靠不停地转拉坯机来做碗。
而鸟类在窝内一边来回转圈一边在周围堆砌筑巢的材料,再不停地用喙调整,最终做出一个碗形。
大多数的鸟类会用枯草筑造出碗形鸟巢。

牛头伯劳在灌木丛中用枯草筑成碗形鸟巢。

动 物 简 介

牛头伯劳

Lanius bucephalus

伯劳科 伯劳属

英文名: Bull-headed Shrike
全长: 约19厘米
分布区: 东亚以及俄罗斯东南部

还有用土筑造成像炉灶一样鸟巢的鸟类。

像炉灶一样坚固的鸟巢

棕灶鸟会在枝干粗大的横枝上筑一个像炉灶的半球形鸟巢。鸟巢非常坚固,而且无法窥视里面的构造。

动物简介

棕灶鸟

Furnarius rufus

灶鸟科 灶鸟属
英文名: Rufous Hornero
全长: 约18厘米
分布区: 南美洲

棕灶鸟是分布在草原等开阔环境中的小型鸟类。它们结实的长腿适合在地上行动,边走边捕食昆虫或小动物。它们会筑造像炉灶一样坚固的鸟巢,偶尔也会在牧场的桩子上筑巢。

入口大小：
约7厘米

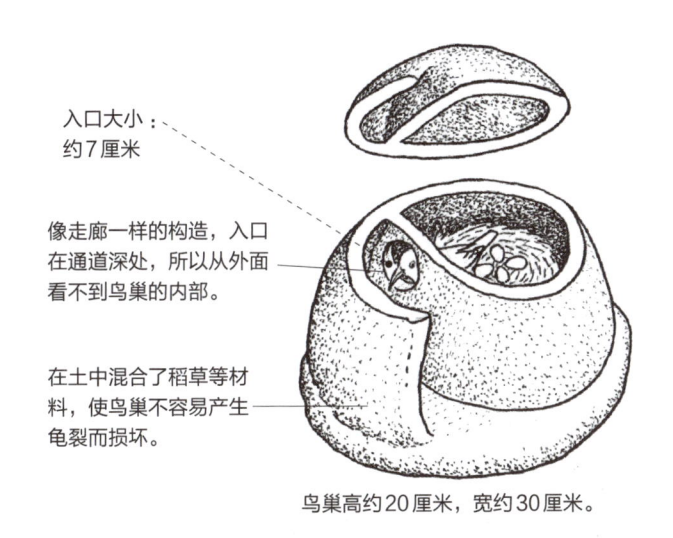

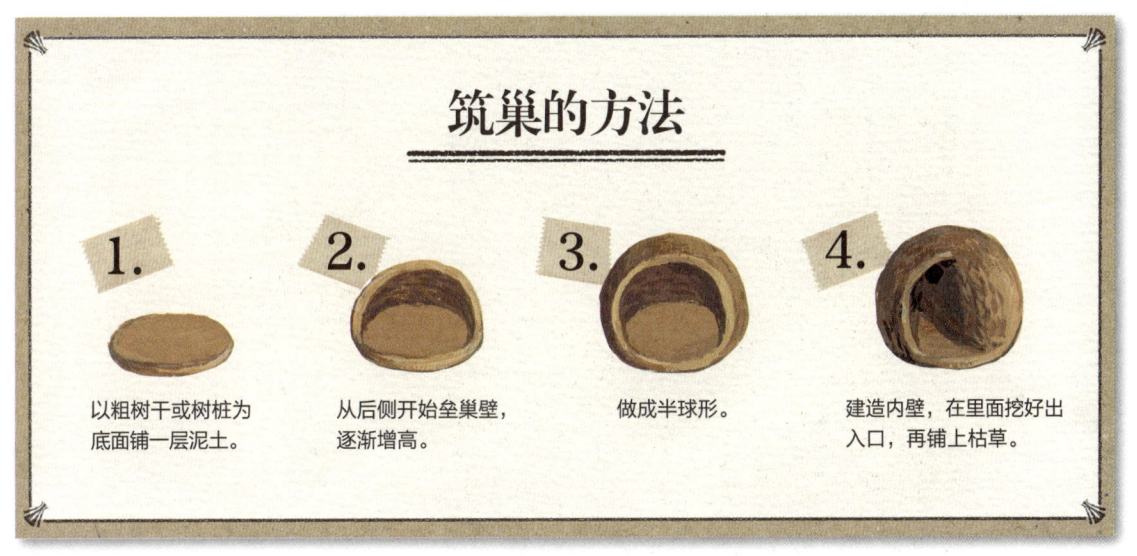

像走廊一样的构造，入口在通道深处，所以从外面看不到鸟巢的内部。

在土中混合了稻草等材料，使鸟巢不容易产生龟裂而损坏。

鸟巢高约20厘米，宽约30厘米。

仰视剖面图

侧视剖面图

筑巢的方法

1. 以粗树干或树桩为底面铺一层泥土。

2. 从后侧开始垒巢壁，逐渐增高。

3. 做成半球形。

4. 建造内壁，在里面挖好出入口，再铺上枯草。

在南美洲流传着这样一句话："天神派棕灶鸟作为使者来到世界，以指导人类如何建造出结实的房屋"。

在过去，南美洲人饱受传染病之苦。
这种传染病是由栖息在房间墙壁缝隙中的红带锥蝽叮咬产生的。
最简单的方法就是盖一座没有裂缝的房子。当地人从灶鸟的鸟巢中得到灵感，用相同的方法盖出没有裂缝的房子，让红带锥蝽无法繁殖，很快传染病就消失了。

为了不被敌人袭击，有一种鸟类在巢中闭门不出。

87

把自己关在巢中闭门不出的鸟

双角犀鸟是一种犀鸟。
它们钻进树洞里产蛋后,用自己的粪便和泥巴筑成一道墙,将入口从内侧封住。
它们会不断加固鸟巢入口,只留下一个喙可以伸出去的小洞。

雌鸟在树洞中孵蛋期间,
雄鸟一天大概会投食多达 70 次。

> **动物简介**
>
> **双角犀鸟**
> *Buceros bicornis*
> 犀鸟科 犀鸟属
> 英文名:Great Hornbill
> 全长:95~130厘米
> 分布区:中国、东南亚
>
> 双角犀鸟的特征是拥有巨大且弯曲的粗喙,喙上面有像头盔一样的突起。双角犀鸟属于大型鸟类,栖息在森林中。杂食,主要采食果实。

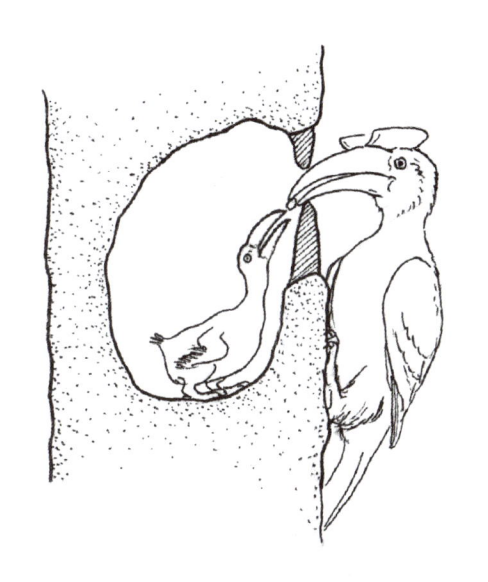

随着雏鸟不断长大，单靠雄鸟送来的食物已经远远不够了。
这时雌鸟也会外出觅食，它会破坏鸟巢的洞口。

当雏鸟能飞时，它自己会离巢独立。

有种鸟类，它们不是将雌鸟或雏鸟藏起来，而是将食物藏起来。

啄木鸟的粮食储藏库

有一种啄木鸟叫作橡树啄木鸟，它们会在树干、木制电线杆、木造建筑物的墙壁等地方用喙啄出一个个小洞，将橡子埋在小洞中储藏起来。群居生活的橡树啄木鸟会齐心协力一起储藏大量的粮食。

虽然食物有时会被松鼠抠出来吃掉，但松鼠马上会被啄木鸟赶走。

动物简介

橡树啄木鸟

Melanerpes formicivorus
啄木鸟科 食果啄木鸟属
英文名： Acorn Woodpecker
全长： 约23厘米
分布区： 北美洲南部到中美洲

橡树啄木鸟是一种群居的中型啄木鸟。它们会用尖锐的喙凿树木，捕食躲藏在里面的昆虫。所有食果啄木鸟都有储藏橡子等果实的习惯，但是因为橡树啄木鸟是群居，所以储藏量非常庞大。

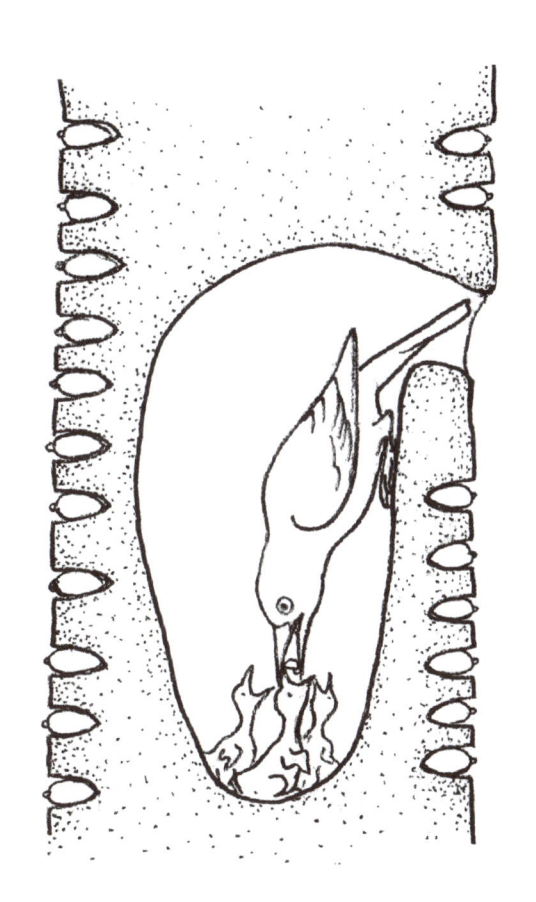

虽然雏鸟不能吃橡子，但成鸟可以先吃橡子，消化后反刍给雏鸟吃。由于橡子储存在不远处，成鸟随时可以吃到橡子来喂雏鸟。

在日本，大斑啄木鸟、杂色山雀、松鸦等鸟类，也有在树皮的缝隙间储藏种子的习性。

大斑啄木鸟　　杂色山雀　　松鸦

还有用食物包裹而成的巢穴。

91

被食物包裹的巢穴

卷象类的昆虫会将树木的叶子卷起来在当中产卵。

卷起的树叶巢穴被称为"摇篮",从卵中孵出的幼虫不仅受到"摇篮"的保护,还可以吃周围的叶子长大。

不久后,它们会变蛹羽化,在"摇篮"上开个洞,就可以飞到外面去了。

由雌虫来做"摇篮"。

动物简介

栗卷象

Apoderus jekelii
卷象科 栗卷象属
全长:8~9.5毫米
分布区:日本北海道至九州

在丘陵到山地的阔叶树林中,都可以找到卷象类的昆虫。雌虫会在栗子树、枹栎、桤木等树的叶子上产卵,然后将叶子卷起来做成"摇篮"。偶尔也能看到全身漆黑的栗卷象个体。

雌虫　雄虫

筑巢的方法

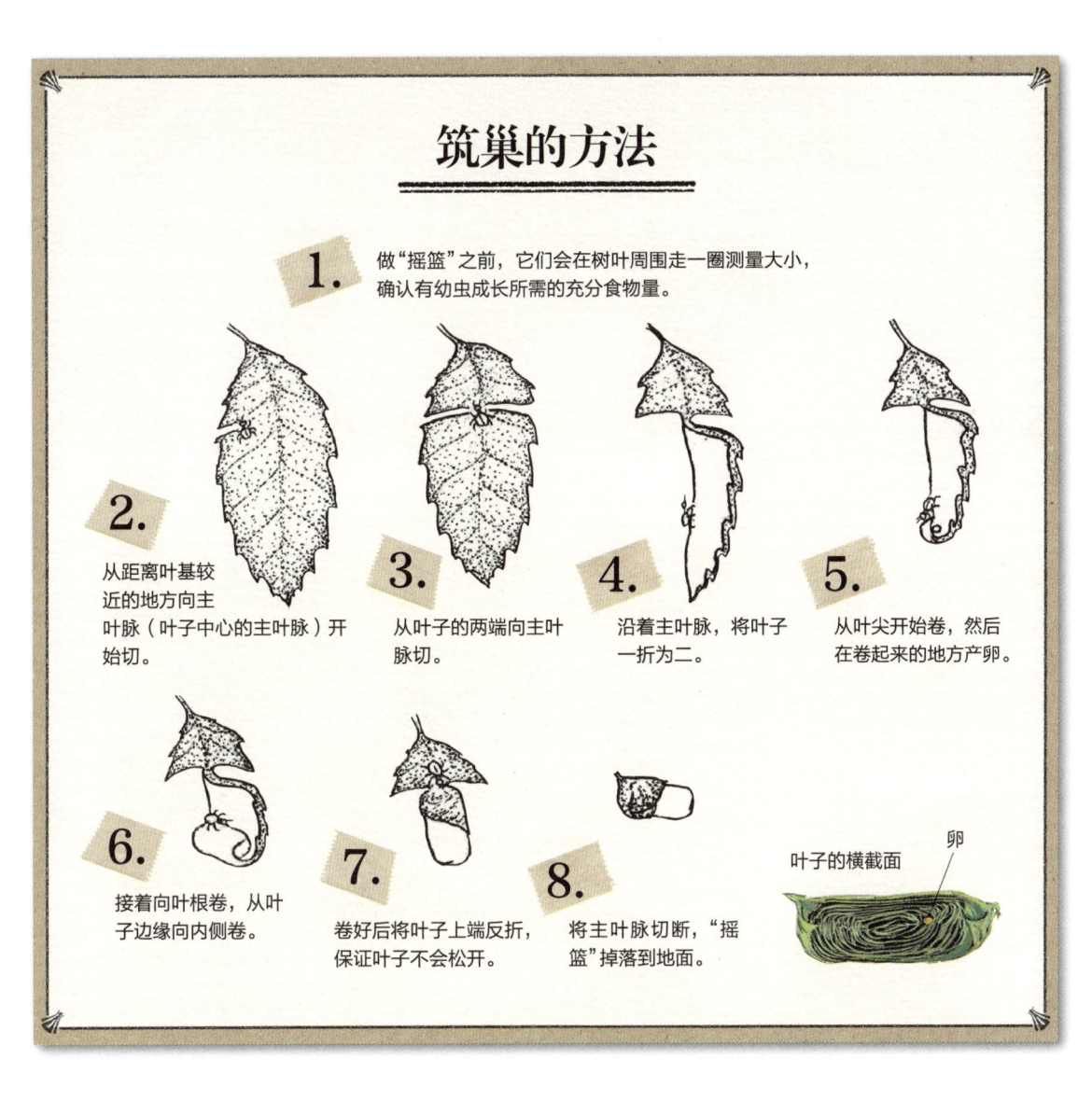

1. 做"摇篮"之前，它们会在树叶周围走一圈测量大小，确认有幼虫成长所需的充分食物量。

2. 从距离叶基较近的地方向主叶脉（叶子中心的主叶脉）开始切。

3. 从叶子的两端向主叶脉切。

4. 沿着主叶脉，将叶子一折为二。

5. 从叶尖开始卷，然后在卷起来的地方产卵。

6. 接着向叶根卷，从叶子边缘向内侧卷。

7. 卷好后将叶子上端反折，保证叶子不会松开。

8. 将主叶脉切断，"摇篮"掉落到地面。

叶子的横截面　卵

也有不切断"摇篮"，让其垂挂在树上的类型。

动物简介

黑长颈卷象
Cycnotrachelus roelofsi
卷象科　长颈卷象属
全长： 6~9.5毫米
分布区： 日本北海道至九州

它们喜欢用野茉莉的树叶来做"摇篮"。

黑长颈卷象

不只是卷叶子，有些昆虫会将树叶与树叶贴在一起筑巢。

93

将叶片贴在一起的巢穴

黄猄(jīng)蚁用幼虫吐出的丝，
将叶片与叶片贴在一起筑巢。
它们会在相邻的几棵树上筑巢。

刚开始是蚁后单独筑巢产卵。
卵孵化后成了工蚁，
这些工蚁又会出去筑更多的巢。

幼虫

衔着幼虫的蚁后

动物简介

黄猄蚁

Oecophylla smaragdina
蚁科 织叶蚁属
英文名：Weaver Ant
全长：约2厘米（蚁后）
分布区：亚洲、非洲、澳大利亚等地

黄猄蚁是一种全身淡褐色、腿很长的蚂蚁。它们利用幼虫吐的丝，将叶片与叶片贴合在一起来筑巢。在日本西南诸岛上的双齿多刺蚁也会用相同的方式筑巢。

雄蚁　工蚁　蚁后

筑巢的方法

利用幼虫吐出来的丝将叶片贴合筑巢。
先将枝头上方的大叶片(A～D)贴合，
再将枝头的小叶片(E～G)贴合，这样窝巢就完成了。

在筑巢过程中，有专门负责将叶片拉过来的工蚁，还有负责衔着幼虫让它们吐丝贴合叶片的工蚁。

大家连在一起，合力可以将远处的叶片拉过来。

还有在地下洞穴中栽培蘑菇的蚂蚁。

用叶片栽培蘑菇的地下洞穴

切叶蚁会将植物的叶子切下来搬运到洞中。
运来的叶子不是用来吃的,而是和1~2毫米的细颗粒状粪便混合在一起,用于栽培蘑菇并将其当作粮食。

动物简介

切叶蚁
Attini sp.
切叶蚁亚科 美洲切叶蚁族
英文名:Leaf-cutter Ants
全长:因种类和阶级(工蚁、兵蚁、蚁后)不同,大小各异
分布区:中南美地区

切叶蚁是一种以植物的叶子为养分,在地下巢穴中栽培菌类食用的蚂蚁。在中南美洲,目前已知的种类超过230种。关于菌类的栽培方法,有直接使用枯叶的,也有将植物的叶子切下使用的,根据切叶蚁的不同种类,使用的方法也不同。

工蚁　兵蚁　蚁后

在地下巢穴中，有大量被称为"菌菇园"的蘑菇养殖田。与这些养殖田相连接的通道纵横交错，甚至还有处理洞中废弃物的处理场。据说有些切叶蚁的一个巢穴中会有数百万只蚂蚁一起生活。根据蚂蚁的阶级（大小）分工进行运送叶子、培养菌菇、保护巢穴、处理洞中垃圾等工作。

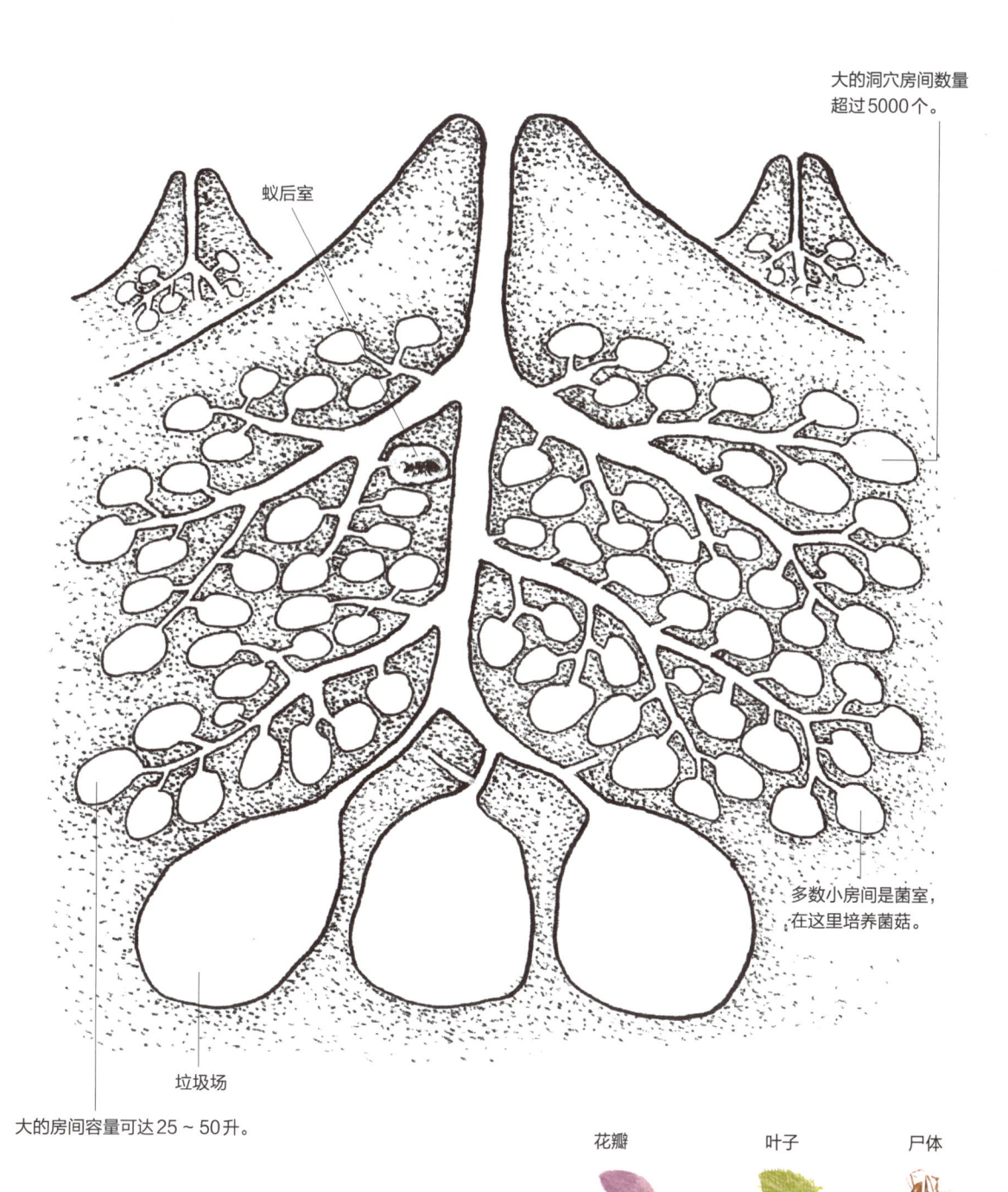

大的洞穴房间数量超过5000个。

蚁后室

多数小房间是菌室，在这里培养菌菇。

垃圾场

大的房间容量可达25～50升。

不只是树叶，切叶蚁还会搬运花瓣等。它们也会将死去的同伴从洞中运出去。

花瓣　叶子　尸体

叶子的切法

切叶蚁把单边的大颚当作刀片将叶子切下来。
它们用前腿压着叶片，用另一边的大颚或触角，一边调整叶片一边切割叶片。

作为小小的蚂蚁，将叶片切下来运走，属于重体力劳动。
它们切叶子时，腹部会上下振动，用这种方式通知同类将树叶搬走。

就像开瓶器一样，以单边大颚为支点，用另一边的下颚不断切割叶片。

在较大蚂蚁搬运的叶子上，往往还有小蚂蚁站在上面。
在运送叶子期间，毫无防备的蚂蚁容易被寄生性的蚤蝇盯上。
站在叶子上的小蚂蚁，就是为了保护大蚂蚁，不让其身上沾上蚤蝇的卵。小蚂蚁还会对叶面进行清扫。

切下来的叶子会被咬得细碎，跟液体状的粪便混合在一起，这样不断混合，宽10～20厘米的球形菌菇养殖园就完成了。
菌菇园的构造像海绵体一样。

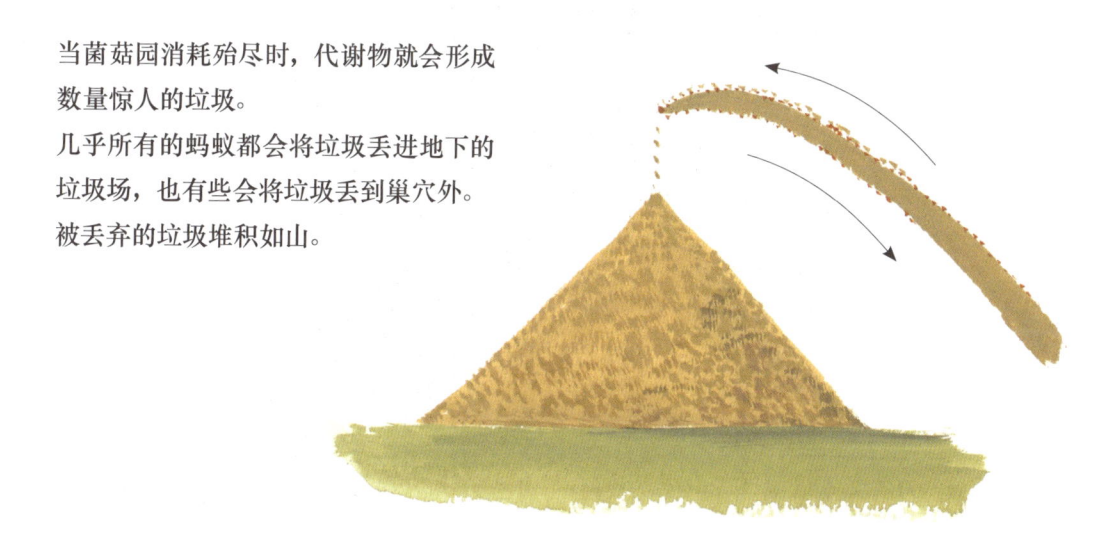

当菌菇园消耗殆尽时，代谢物就会形成数量惊人的垃圾。
几乎所有的蚂蚁都会将垃圾丢进地下的垃圾场，也有些会将垃圾丢到巢穴外。被丢弃的垃圾堆积如山。

数百万的蚂蚁分工协作，有序地进行着，令人震惊。

还有在地面上建起高塔的小小动物。

小小昆虫建起巨大高塔

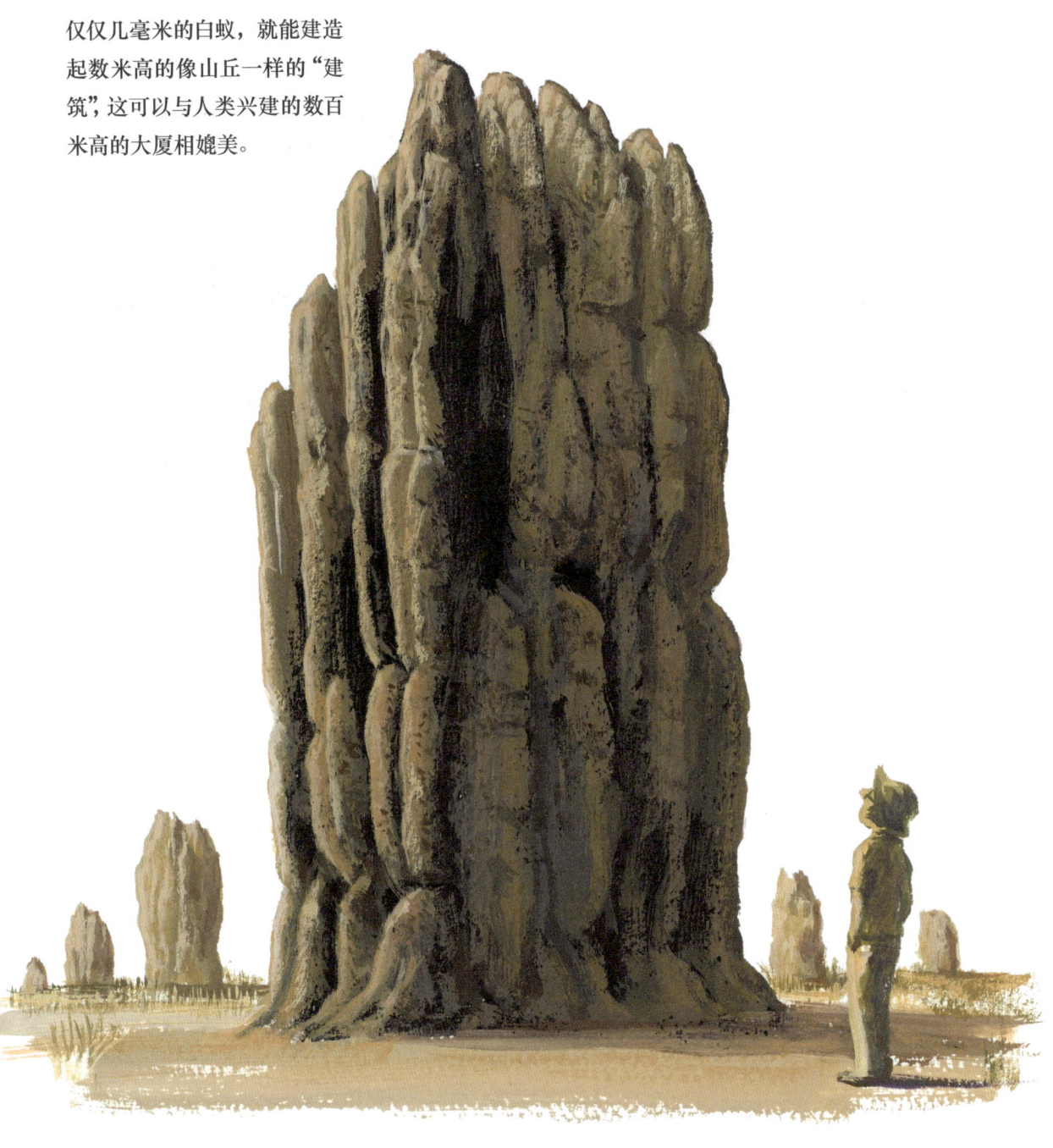

仅仅几毫米的白蚁，就能建造起数米高的像山丘一样的"建筑"，这可以与人类兴建的数百米高的大厦相媲美。

像巨塔一样的"建筑物"，是白蚁建造的白蚁丘。
有的白蚁丘甚至是高达 10 米的"巨塔"。作为动物筑的巢，除了珊瑚礁，白蚁丘可以称得上是地球上最大型的动物"建筑物"。
地面上的白蚁丘相当于巨大的"烟囱"，白蚁们生活的巢穴在地下。

空气的出口，位于蚁丘中央，相当于"烟囱"，会排出内部的热气和二氧化碳。

空气的入口，新鲜空气从这里进入。

粮库。把收集来的食物储存在这里。

菌菇园。栽培食用菌类的房间。

白蚁卵和刚孵化出白蚁的房间。

与地下水脉相连，可用于为巢穴降温。

蚁后室，蚁后产卵的房间。专职的工蚁会将蚁后和蚁王生下的卵搬出去。

动物简介

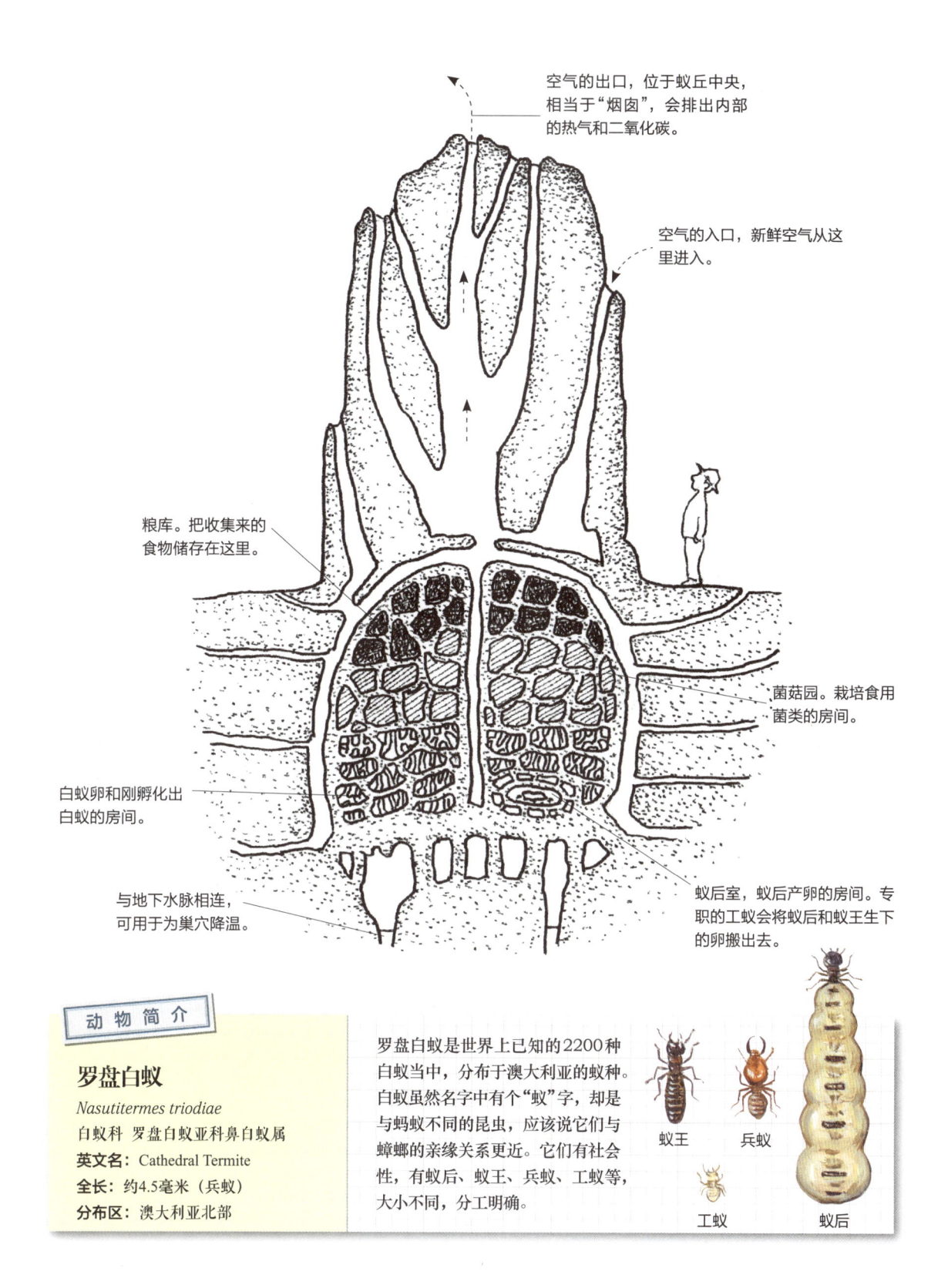

罗盘白蚁

Nasutitermes triodiae

白蚁科 罗盘白蚁亚科鼻白蚁属

英文名：Cathedral Termite
全长：约4.5毫米（兵蚁）
分布区：澳大利亚北部

罗盘白蚁是世界上已知的2200种白蚁当中，分布于澳大利亚的蚁种。白蚁虽然名字中有个"蚁"字，却是与蚂蚁不同的昆虫，应该说它们与蟑螂的亲缘关系更近。它们有社会性，有蚁后、蚁王、兵蚁、工蚁等，大小不同，分工明确。

蚁王　　兵蚁

工蚁　　蚁后

还有像墓碑一样的白蚁丘。

101

矗立着巨大墓碑的墓地?

这些看起来像巨大墓碑的建筑物，其实也是白蚁丘。磁石白蚁的白蚁丘扁平，像石板一样，排在一起非常有趣，所有的扁平面都是东西朝向。

放眼望去，就像林立着巨大墓碑的墓地一样，形成一道独特的风景线。

它们到底是怎样让白蚁丘都整齐划一地朝着同一个方向的呢？

动物简介

磁石白蚁

Amitermes meridionalis

白蚁科 白蚁亚科
英文名：Magnetic Termite
全长：约1.5厘米
分布区：澳大利亚北部

磁石白蚁是一种澳大利亚的筑丘白蚁。白蚁丘的特征是形状扁平，扁平面均是东西朝向。白蚁丘的轴像指南针一样是南北走向的，所以又称其为"磁石白蚁"。

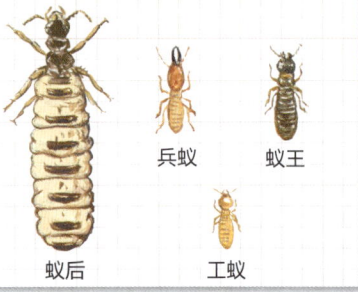

蚁后　　兵蚁　　蚁王　　工蚁

因为扁平面是东西朝向的，在气温低的早上和傍晚能大面积地接受日光的照射，所以蚁丘内部也变得十分温暖。在正午最炎热时，太阳处于白蚁丘的顶端，阳光照射的面积变小，蚁丘内也不会太热。

还有其他各种各样的白蚁丘。

103

世界上各种各样的白蚁丘

世界上已知的白蚁约有2200种，
不同种类的白蚁，其白蚁丘的形状也不一样。

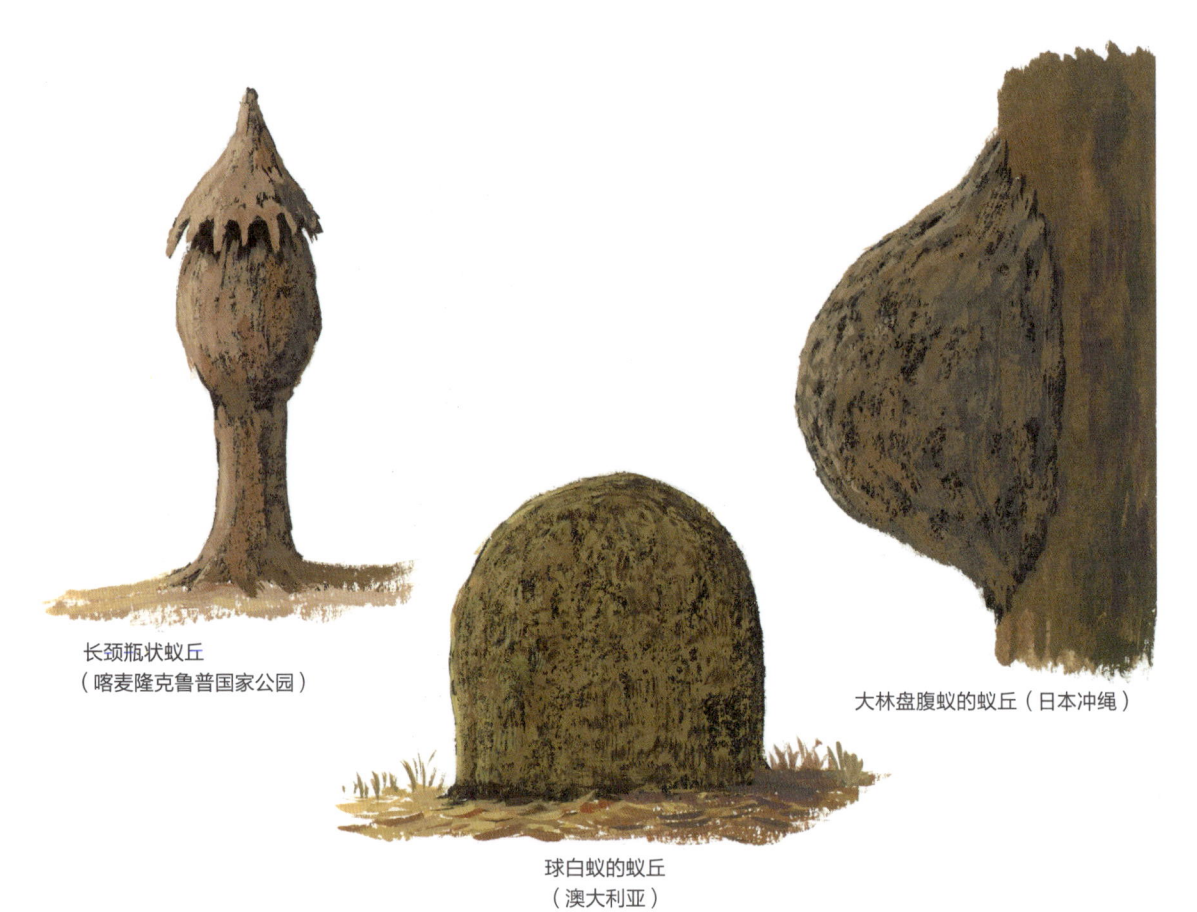

长颈瓶状蚁丘
（喀麦隆克鲁普国家公园）

球白蚁的蚁丘
（澳大利亚）

大林盘腹蚁的蚁丘（日本冲绳）

在巴西热带稀树草原上的白蚁丘，到了特定时期的晚上就会发出绿色的荧光，让夜晚的草原充满了无限的神秘感。

这不是白蚁在发光，而是能发光的叩头虫的幼虫发出的光芒。其目的是引诱白蚁等昆虫靠近，然后捕食它们。

吃白蚁的动物们

白蚁是营养价值极高的珍贵蛋白质的来源,所以有很多动物都吃白蚁。
捕食白蚁的动物具有破坏白蚁丘的利爪,还有可以高效率大量摄取白蚁的长舌头。

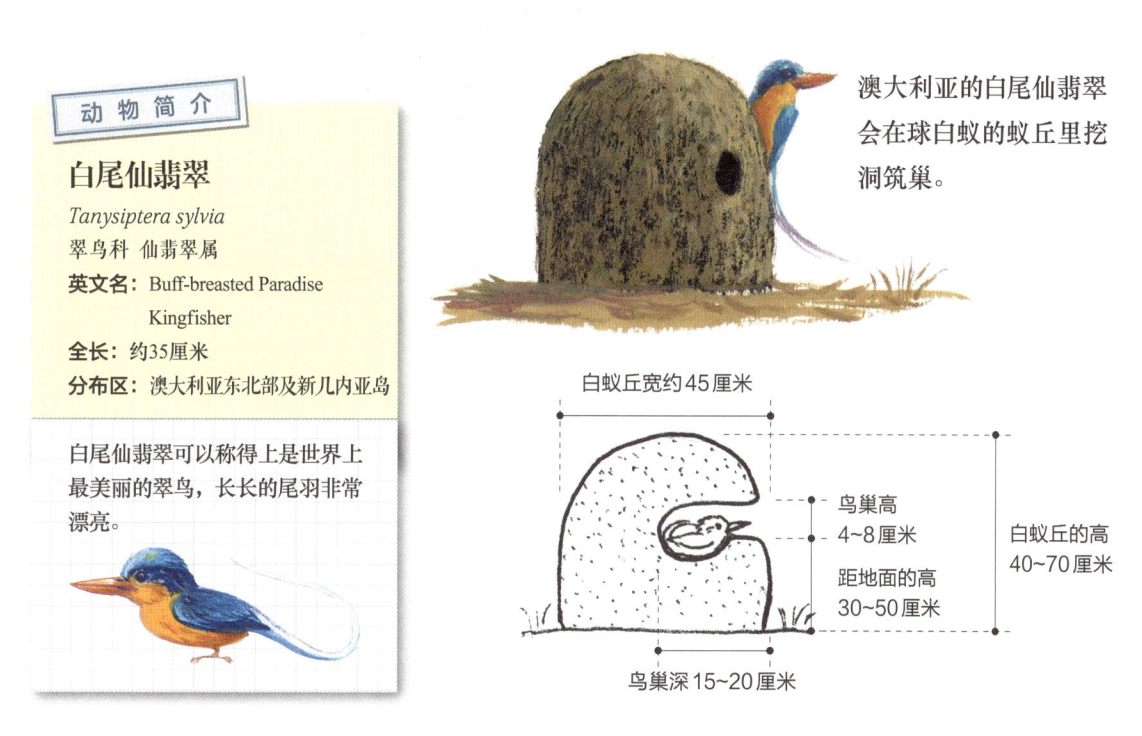

犰狳(qiúyú)

大食蚁兽

破坏蚁丘、吃白蚁的黑猩猩

土豚

澳大利亚的白尾仙翡翠会在球白蚁的蚁丘里挖洞筑巢。

动物简介

白尾仙翡翠
Tanysiptera sylvia
翠鸟科 仙翡翠属
英文名: Buff-breasted Paradise Kingfisher
全长: 约35厘米
分布区: 澳大利亚东北部及新几内亚岛

白尾仙翡翠可以称得上是世界上最美丽的翠鸟,长长的尾羽非常漂亮。

白蚁丘宽约45厘米
鸟巢高 4~8厘米
距地面的高 30~50厘米
白蚁丘的高 40~70厘米
鸟巢深 15~20厘米

还有一种用花蜜做成的甘甜美味的巢穴。

105

用花蜜建造的巢穴

蜜蜂将采集到的各种花蜜酿成蜂蜜，吃下后在体内将这些蜂蜜转化成蜂蜡，再用从腹部的蜡腺中分泌出来的蜂蜡筑造六角形的房间，大量六角形的房间汇集起来就形成了蜂巢。

动物简介

意大利蜂

Apis mellifera

蜜蜂科 蜜蜂属
英文名：Europian Honey Bee
全长：约1.3厘米（工蜂）
分布区：欧洲、非洲、西亚

意大利蜂是一种分布广泛的蜜蜂。它们采集花蜜，将唾液中的酶与花蜜混合制成蜂蜜作为它们的食物。意大利蜂过着群居生活，一般是一只女王蜂与数万只工蜂一起生活。

工蜂　雄蜂　女王蜂

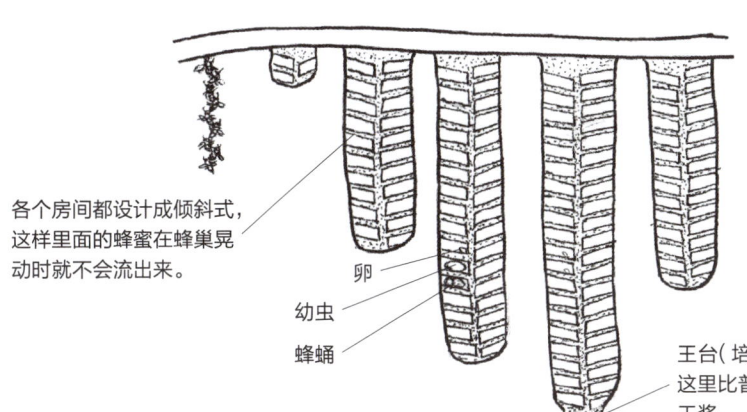

各个房间都设计成倾斜式，这样里面的蜂蜜在蜂巢晃动时就不会流出来。

卵
幼虫
蜂蛹

王台（培育下一任女王蜂的房间）。这里比普通的房间大，里面都是蜂王浆。

因为蜜蜂有感知方向和位置的感知绒毛，所以能做出标准的六角形房间。

筑巢的方法

蜜蜂将体内生成的蜂蜡从腹部的蜡腺中分泌出来，以这些蜂蜡为材料筑巢。

1. 分泌蜂蜡的蜜蜂聚集在树枝等处的下面。

2. 确定筑巢的位置后，用脚取下蜂蜡，嘴巴嚼过后粘牢，成为房间的天花板。

3. 将房间的墙壁向外延展，做成六角形。完成的房间墙壁厚度在0.07～0.09毫米之间。

4. 从中央向左右、斜下方逐步扩充房间。

六角形的秘密

蜜蜂的蜂巢由大量的六角形汇集而成，被称为"蜂巢构造"。这种构造应用在人造卫星、飞机的机体、日本新干线的地基等各种构造物或交通工具上。

六角形排列在一起不会有多出来的空隙，可以用最少的材料做出最大的空间。并且抗压性强、结实，还有吸收声音、缓冲、隔热保温的功能。

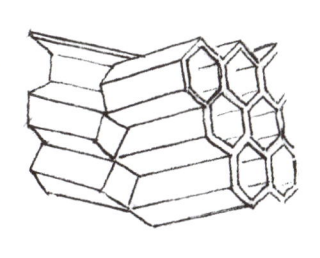

还有将植物纤维当材料筑成的蜂巢。

像是用和纸做成的巢

马蜂会收集树和叶子表面的皮、毛等纤维材质，与口中的唾液混合后再吐出，渐渐凝固。这种材质类似日本的和纸，可以筑成轻便结实的蜂巢。

透过光线观察马蜂蜂巢，能看到它由纤细的植物纤维筑成，很像纸的材质。

动物简介

约马蜂
Polistes jokahamae
胡蜂科 马蜂属
全长：约2厘米
分布区：日本本州以南

约马蜂是一种在日本市区内常见的马蜂，在马蜂中属于大型种类，身上有黑底黄色斑纹。它们在屋檐等地筑巢，会猎杀其他昆虫做成肉团，然后带回巢内供幼虫食用。

在柄的位置涂上天敌蚂蚁讨厌的物质。

房间最多能达到300~400间。

筑巢的方法

最初开始建的蜂巢，是由一只女王蜂独自动手建造的。

1. 在筑巢的位置上建一个叫作"巢柄"的支柱，在这里开始筑幼虫室。

2. 为了避免与蚂蚁接触、不让雨水倒灌，它们将巢口建成朝向下方。

3. 女王蜂产的工蜂在羽化后帮忙建造，蜂巢会越来越大。

因为蜂巢是暴露在野外的，所以让蜂巢变大虽然很容易，但也容易受到风雨的摧残。雨后，蜂巢里进水的地方由工蜂清理，将水排出蜂巢。

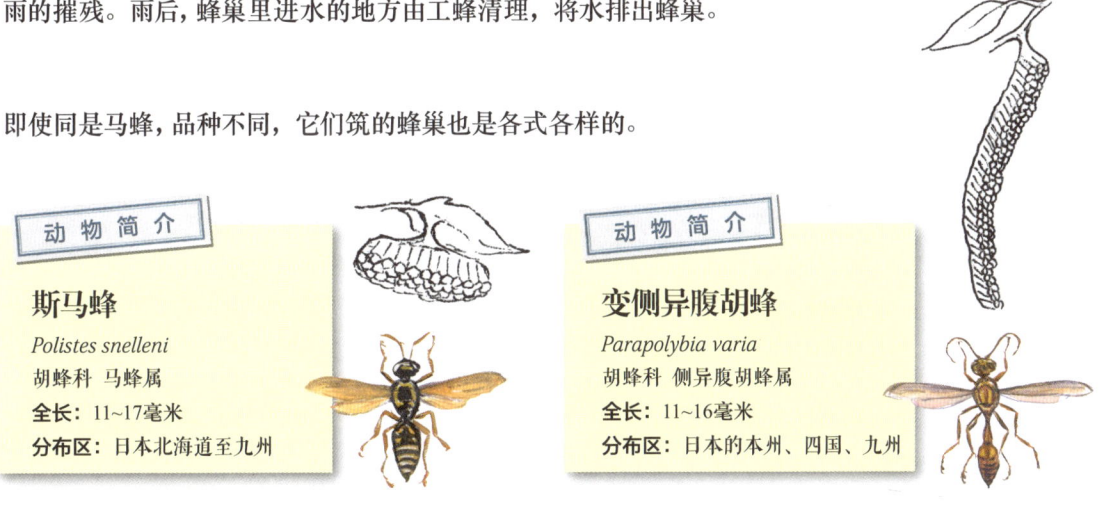

即使同是马蜂，品种不同，它们筑的蜂巢也是各式各样的。

动物简介
斯马蜂
Polistes snelleni
胡蜂科 马蜂属
全长：11~17毫米
分布区：日本北海道至九州

动物简介
变侧异腹胡蜂
Parapolybia varia
胡蜂科 侧异腹胡蜂属
全长：11~16毫米
分布区：日本的本州、四国、九州

还有材质不同、像高层公寓一般的蜂巢。

有围墙的高层公寓

和完全暴露在外的约马蜂（P108）的蜂巢不同，胡蜂的蜂巢被一层称为"外壳"的围墙所覆盖。外壳保护蜂巢内部不受风雨严寒和天敌的侵袭。

胡蜂会把从树木上剥下来的纤维与唾液混合，然后重新整形用于筑巢。因为是从各种树木上收集来的材料，所以外壳呈现出奇妙又美丽的波浪花纹。

动物简介

日本大黄蜂

Vespa simillima

胡蜂科 胡蜂属
英文名：Japanese Yellow Hornet
全长：约2.5厘米
分布区：日本、朝鲜半岛、库页岛、东西伯利亚

日本大黄蜂是日本胡蜂中最小的品种。分布在日本本州以南的亚种被称为黄胡蜂。市区内也有很多它们的身影，它们会在住宅的屋檐下或树木下建造巨大的蜂巢。它们是蜜蜂的天敌，经常会袭击蜜蜂的蜂巢。

蜂巢的内部呈阶层状，看起来就像高层公寓

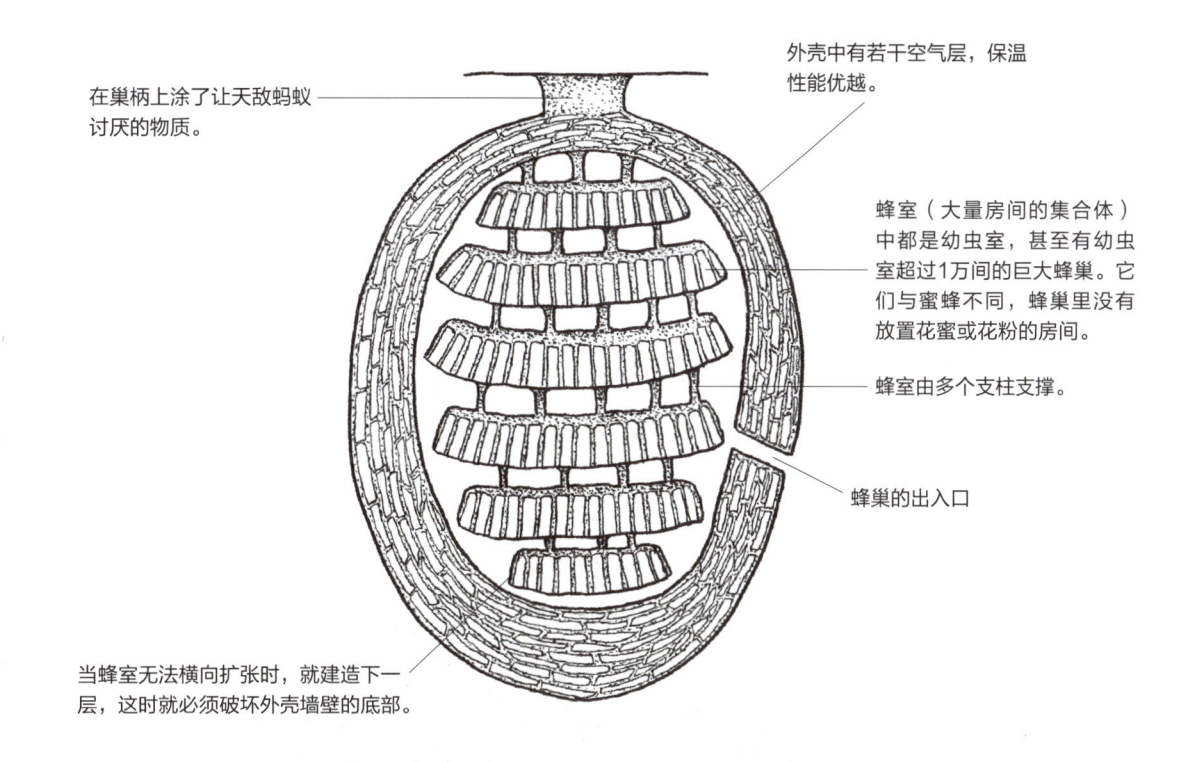

在巢柄上涂了让天敌蚂蚁讨厌的物质。

外壳中有若干空气层，保温性能优越。

蜂室（大量房间的集合体）中都是幼虫室，甚至有幼虫室超过1万间的巨大蜂巢。它们与蜜蜂不同，蜂巢里没有放置花蜜或花粉的房间。

蜂室由多个支柱支撑。

蜂巢的出入口

当蜂室无法横向扩张时，就建造下一层，这时就必须破坏外壳墙壁的底部。

筑巢的方法

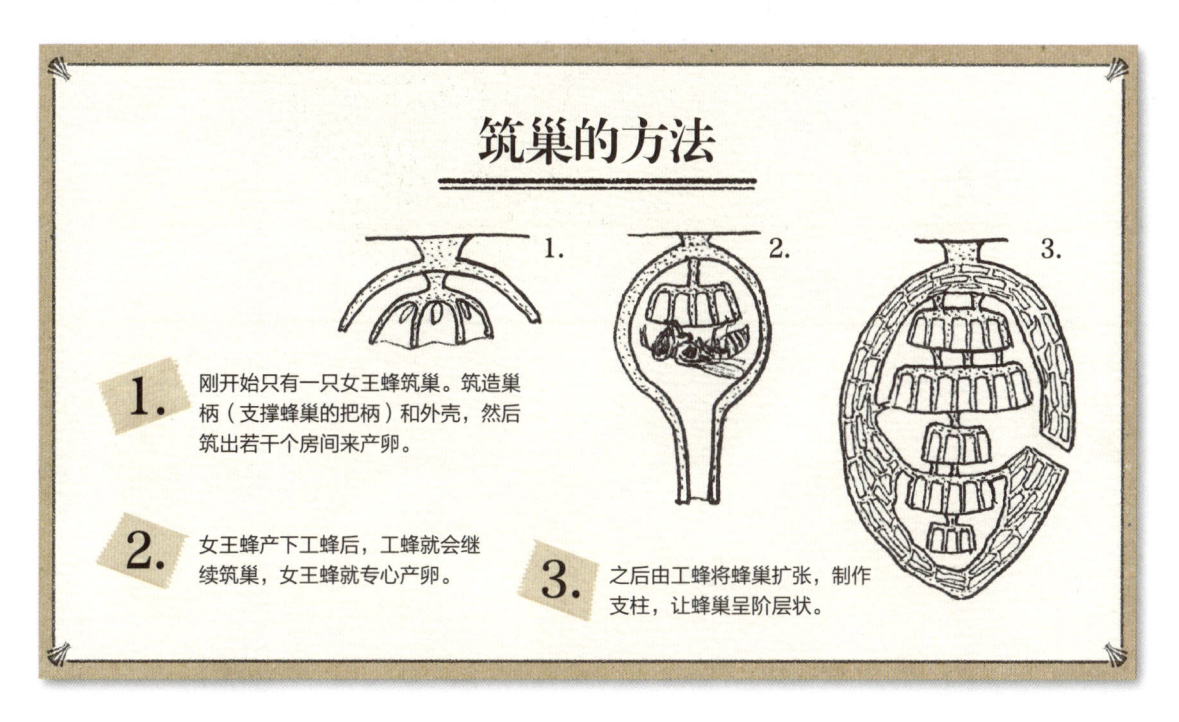

1. 刚开始只有一只女王蜂筑巢。筑造巢柄（支撑蜂巢的把柄）和外壳，然后筑出若干个房间来产卵。

2. 女王蜂产下工蜂后，工蜂就会继续筑巢，女王蜂就专心产卵。

3. 之后由工蜂将蜂巢扩张，制作支柱，让蜂巢呈阶层状。

还有从自己的身体里分泌材料来筑巢的动物。

猎人伏击猎物的袋状巢穴

很多蜘蛛会从尾部的"丝囊"喷出丝来织网或捕捉昆虫。
全世界大概有4万种蜘蛛,其中约有半数是织网型蜘蛛,
而剩下的半数蜘蛛不织网,它们是四处活动抓捕猎物的"游猎型"蜘蛛。

卡氏地蛛的巢穴不是常见的蜘蛛网。
它们的蛛网呈细长的袋状,上部粘在树木、草坪或石板等的根部,下部则在地下,蜘蛛住在里面。

动物简介

卡氏地蛛

Atypus karschi
地蛛科 地蛛属
英文名:Mygalomorph Spider
全长:1~2厘米
分布区:中国和日本等

卡氏地蛛住在细长袋状蛛网中,是一种在蛛网中伏击猎物的蜘蛛。它们上颚大而且发达,猎物一旦接触到袋状蛛网,它们就能穿过袋状蛛网咬住猎物,然后破袋而出将猎物拖进网内吃掉。

约20厘米

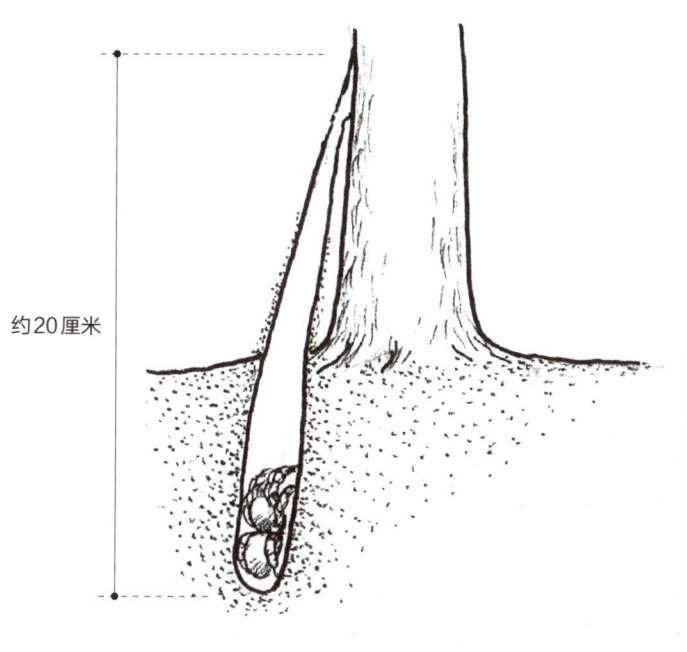

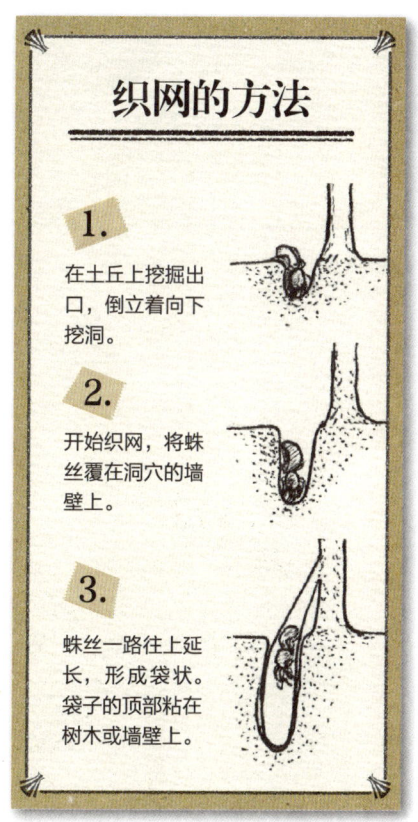

织网的方法

1.
在土丘上挖掘出口,倒立着向下挖洞。

2.
开始织网,将蛛丝覆在洞穴的墙壁上。

3.
蛛丝一路往上延长,形成袋状。袋子的顶部粘在树木或墙壁上。

卡氏地蛛的狩猎

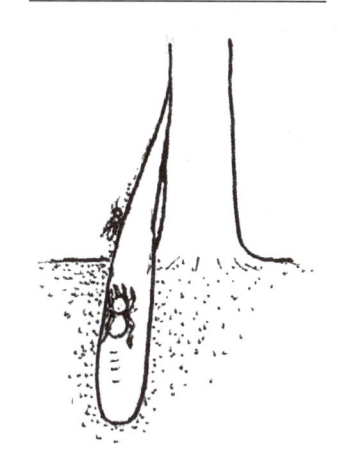

一旦有猎物碰到地面上的蛛网,这个振动就会传给地下的蜘蛛。

它们爬上地面,穿过蛛网,用尖锐的牙咬住猎物。

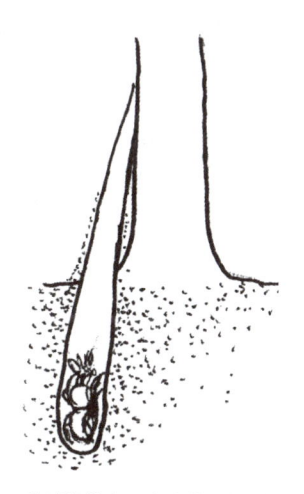

将猎物拖入网内吃掉,然后将被破坏的蛛网重新修补好。

蜘蛛会在猎物身上涂上并注入消化液,一边溶解一边吸食。
这种进食法被称为"体外消化"。

还有在出入口加上盖子的洞穴。

出入口有盖子的洞穴

典型拉土蛛会在地下挖洞，然后在墙壁上铺设蛛丝。在洞穴出入口处，会用土与蛛丝混合在一起做成盖子。盖子的一部分与内部相连，可以开关。

动物简介

典型拉土蛛
Latouchia typica
蝶蛎(diédāng)科 拉土蛛属
英文名：Trap Door Spider
全长：0.9~1.5厘米
分布区：中国和日本

典型拉土蛛会挖穴、做盖子，是一种伏击路过猎物的蜘蛛。它们多将洞穴建在石板和石子旁边。如果有菌类寄生，那么死去的蜘蛛身上就会长出菌丝，以此为线索就能找到它们的洞穴。

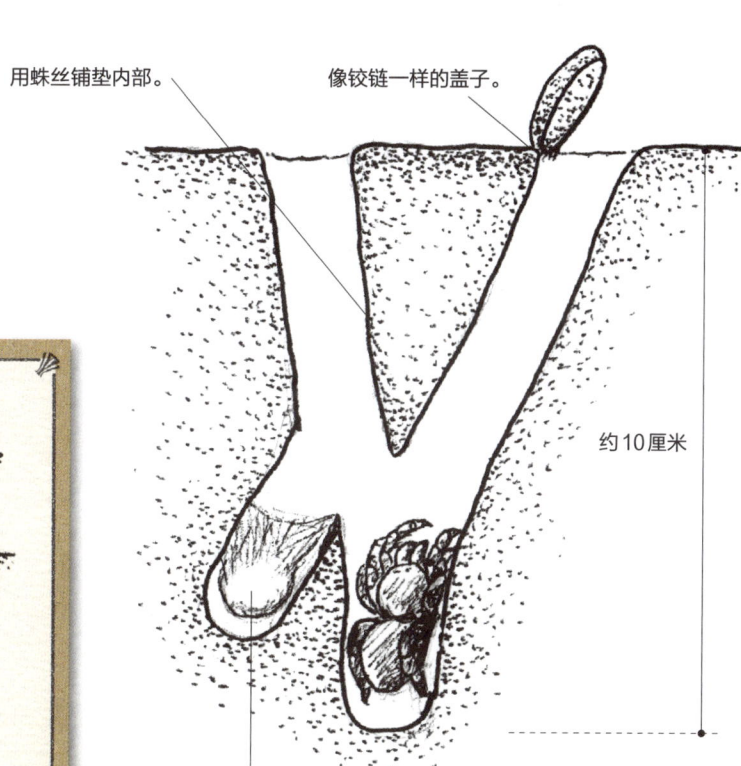

用蛛丝铺垫内部。　　像铰链一样的盖子。

约10厘米

卵囊（卵被蛛丝包裹成一团）。蜘蛛在洞穴深处产卵。

盖子的做法

1. 挖掘出洞穴。

2. 掘出来的土和蛛丝混合在一起，做成盖子。

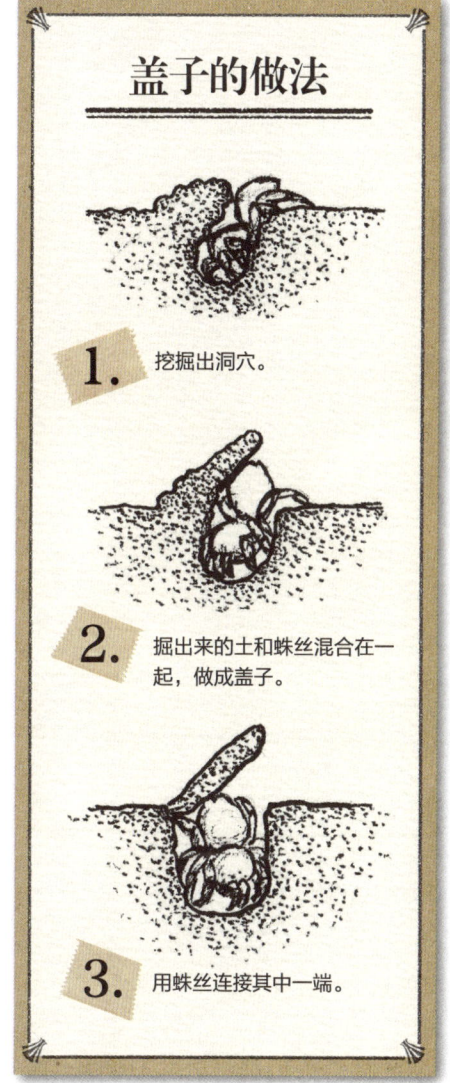

3. 用蛛丝连接其中一端。

典型拉土蛛会躲在洞穴中等待猎物。一旦猎物接近，它们就打开盖子迅速出击，然后将猎物拖进洞中食用。

水中也有蜘蛛的巢穴。

水中的蜘蛛巢穴

水蛛是世界上唯一一种在水中筑巢生活的蜘蛛。

水蛛会在水中筑一个球形的气泡房间，将抓到的猎物拖到房间内吃掉，产卵也会在房间里进行。

动物简介

水蛛
Argyroneta aquatica
水蛛科 水蛛属
英文名：Water Spider
全长：0.8~1.5厘米
分布区：广泛分布在欧洲和日本

水蛛是世界上唯一一种能在水中生活的蜘蛛。它们会巧用蛛丝，在水中形成气泡当作窝巢。捕猎、进食与产卵都在这个气泡中进行。为了更容易携带空气，它们的第3到第4只脚之间有密集的长毛。

筑巢的方法

1. 在水草之间拉丝张网。

2. 将尾部露在外面,利用全身密布的细毛制造气泡,也会用细毛抓住气泡。

3. 将气泡拉进水中,粘在蛛丝上。

4. 反复进行1~3的步骤,巢中的空气会逐渐增多。

5. 水蛛一般会待在巢穴中,一旦有掉落水面的虫子,它们就会立刻出击。

6. 将猎物拖进巢中吃掉,产卵也会在巢中进行。

还有在周围结网、捕食撞到网上的虫子的蜘蛛。

伏击猎物的网

皿蛛科的蜘蛛会在树枝间织一张吊床形、拱形或皿形的网,它们会"守株待兔",在下面伏击猎物,等待猎物撞到上面张开的网上。

动物简介

褐色盖皿蛛
Neriene fusca
皿蛛科 盖蛛属
全长:3.5~5.5毫米
分布区:日本北海道和九州

褐色盖皿蛛是一种栖息在山区中的蜘蛛。在早春时节,它们会织一张吊床形的网,捕食撞到蛛丝而掉落下来的昆虫。

褐色盖皿蛛的捕猎方法

在吊床形蛛网的下方等待猎物的到来。

飞来的昆虫撞到蛛网后，会掉到蛛网上。

蜘蛛从下面越过蛛网咬住猎物，然后将其吃掉。

动物简介

黄斑原皿蛛
Turinyphia yunohamensis
皿蛛科 原皿蛛属
全长：3~6毫米
分布区：中国、韩国、日本

底部是像盘子倒扣过来一样的浅拱形。

动物简介

长肢盖蛛
Neriene longipedella
皿蛛科 盖蛛属
全长：4.5~7毫米
分布区：中国、韩国、日本

深拱形的蛛网

还有用黏性的蛛丝捕捉猎物的蜘蛛巢穴。

用有黏性的蛛丝
织成捕捉猎物的圆形网

这是在屋檐下、公园里或野地里等各种地方都能见到的蛛网。蛛网的形状因蜘蛛种类的不同而各异。即使是同类的蜘蛛，蛛网也会有微妙的差别。

动物简介

鞭扇蛛

Plebs astridae

园蛛科 扇蛛属
全长：4.5~10毫米
分布区：中国、韩国、日本

鞭扇蛛是一种在早春时期出现的蜘蛛。它们栖息在野生树林时，会在树木间结圆形的网，自己会停驻在网的中心。它们的特征是腹部的前侧有长角。它们会将被卵囊包裹的卵挂在树叶上。

织网的方法

1. 它们从尾部吐出蛛丝，等待风吹来。

2. 当蛛丝被吹到其他枝头上时，它们就可以在两个枝头间来回吐丝，蛛丝反复重叠会变得结实，变成地基的"桥丝"。

3. 从桥丝的中央拉出一条下垂的丝。

4. 缠到下方的支点后再返回吐丝，这根叫"纵丝"。

5. 拉出向外侧扩张的"框丝"，联结到纵丝上。

6. 不断增加框丝与纵丝。

7. 以没有黏性的"落脚丝"为中心，结成螺旋状的网。

8. 从中心向外侧铺设有黏性的"横丝"，然后撤掉中央的落脚丝，这样就完成了（约1个小时）。

制造奇怪卵囊的蜘蛛们

动物简介

日本红螯蛛
Cheiracanthium japonicum
管巢蛛科 红螯蛛属
全长： 9~15毫米
分布区： 中国、韩国、日本

将叶子折成三角形，在其中产卵。

动物简介

蟾蜍曲腹蛛
Cyrtarachne bufo
园蛛科 曲腹蛛属
全长： 1.5~10毫米
分布区： 中国、韩国、日本

做一个袋子当作卵囊，垂挂在树叶下。

也有用又细又结实的蛛丝做材料筑成的巢。

用蜘蛛丝筑巢

北长尾山雀利用蜘蛛丝或蛾蛹的废茧，
贴上青苔筑成球形的鸟巢。
在鸟巢中，放入捡到的数百根其他鸟类的羽毛，为
自己的鸟蛋和雏鸟御寒。

动物简介

北长尾山雀
Aegithalos caudatus
长尾山雀科 长尾山雀属
英文名： Long-tailed Tit
全长： 约14厘米
分布区： 欧洲、日本均有分布

北长尾山雀是体重在 10 克以下的小鸟。它们的特征是身体小但尾羽很长，这也是它们名字的由来。经常能看到它们在树枝上活动。除了在林中捕食昆虫，它们还喜欢舔食树汁。

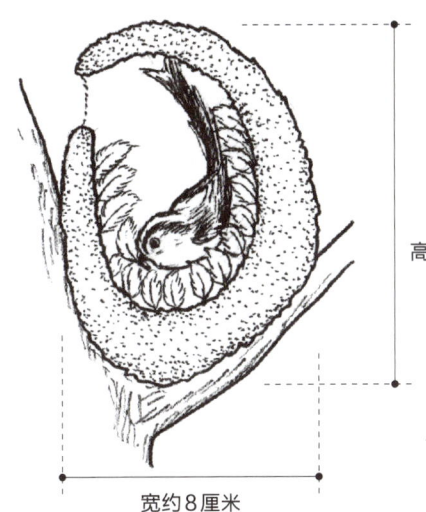

北长尾山雀因为是在早春或寒冷的时期就开始哺育下一代，所以会收集大量的羽毛垫在窝里保温。有些鸟巢里甚至能塞进去1000多根羽毛。

高约10厘米

宽约8厘米

北长尾山雀的鸟巢看起来就像树上长的树瘤一样，不容易被天敌发现。

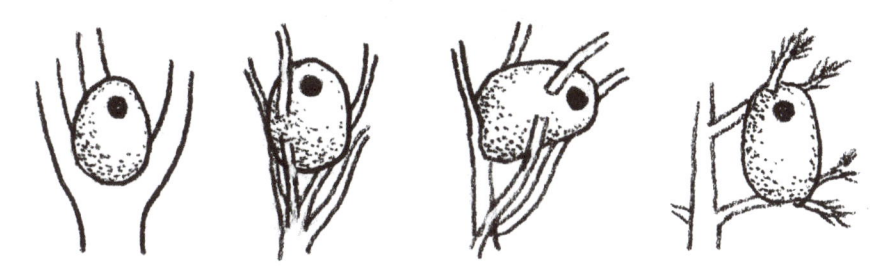

筑巢的方法

1. 在要筑巢的地方，将采集来的青苔用脚踩着粘在上面。

2. 用蜘蛛丝在内侧和外侧交替缠绕，在自己周围堆积青苔。

3. 不断向上堆积，做成"壶"一样的形状。

4. 造出屋顶，将出入口做成横向的，在其中塞满羽毛。

筑巢的场所在粗树杈间或灌木丛中等地方。

还有同样使用青苔、吊挂在树枝下的鸟巢。

使用蜘蛛丝和青苔，做出不一样的鸟巢

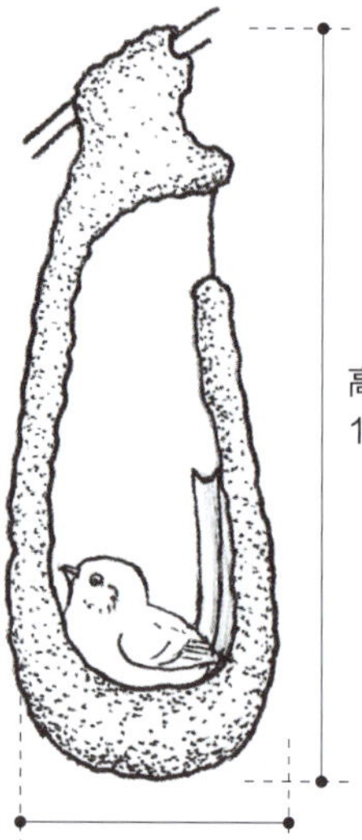

高约16厘米

宽约6厘米

短嘴长尾山雀的鸟巢和北长尾山雀（P122）的一样，是用相同的材料和相同的做法做成的，但它们的鸟巢是吊挂在树枝下的。

动物简介

短嘴长尾山雀
Psaltriparus minimus
长尾山雀科 短嘴长尾山雀属
英文名： American Bushtit
全长： 约11厘米
分布区： 北美洲西部到中美洲

短嘴长尾山雀是栖息在山区树林里的小鸟，也出现在庭院或公园等地方。它们是体重只有5克左右的小型鸟类，尾羽很长，成群结伴行动，捕食昆虫或蜘蛛等。

灰蓝蚋 (rui) 莺在横枝上筑巢。

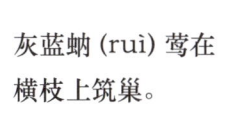

> **动 物 简 介**
>
> **灰蓝蚋莺**
> *Polioptila caerulea*
> 蚋莺科 蚋莺属
> 英文名：Blue-grey Gnatcatcher
> 全长：约12厘米
> 分布区：北美洲、墨西哥、古巴

鸟巢高约3厘米，宽约7厘米。

非洲寿带在细茎或树杈等地筑杯形鸟巢。

> **动 物 简 介**
>
> **非洲寿带**
> *Terpsiphone viridis*
> 王鹟 (wēng) 科 寿带属
> 英文名：African Paradise Flycatcher
> 全长：约50厘米
> 分布区：非洲

鸟巢高约8厘米，宽约7厘米。

根据环境与天敌等因素的不同，鸟类会筑出各种构造不同的鸟巢。

很多鸟类的筑巢材料都会使用蜘蛛丝，这是为什么呢？

125

鸟类为了保护宝贵的鸟蛋和雏鸟，会尽量选择天敌难以发现的地方来建造鸟巢。
小型鸟类只能运送一些青苔之类的小材料，要把这些东西黏合起来，
蜘蛛丝是很容易找到的好材料。
它让鸟巢变得小巧结实的同时，还能将苔藓等材料粘在上面便于伪装，
这样鸟巢就很难被天敌发现了。

杂色澳䴓（shī）利用蜘蛛丝将周围的树皮贴在鸟巢上，使鸟巢看起来就像树木的一部分，很难被发现。

宽约4厘米
高约5厘米

动物简介

杂色澳䴓
Daphoenositta chrysoptera
澳䴓科 澳䴓属
英文名： Varied Sittella
全长： 10~11厘米
分布区： 澳大利亚和巴布亚新几内亚

筑巢的方法

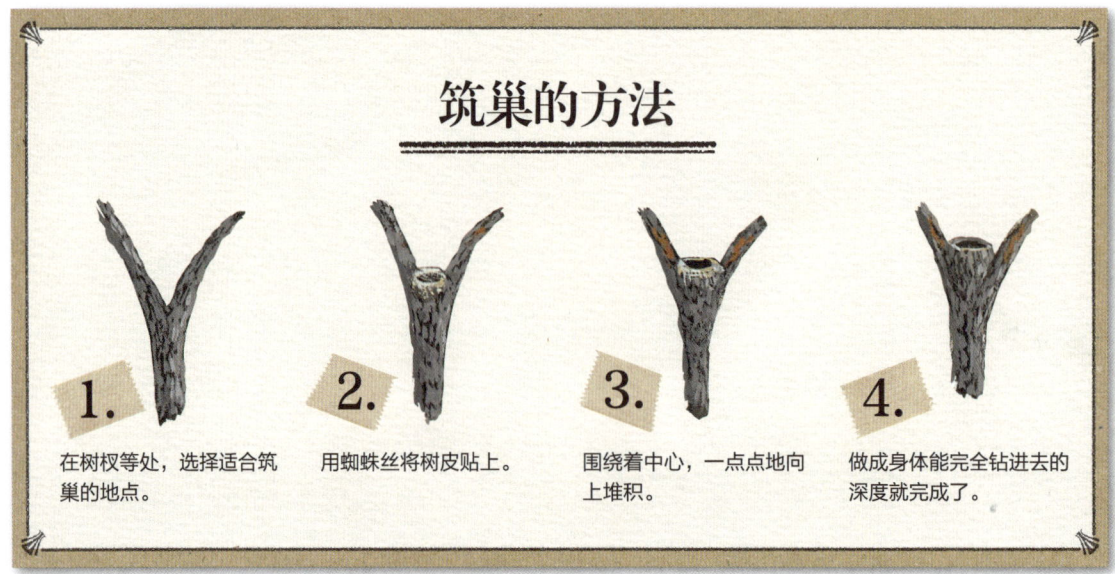

1. 在树杈等处，选择适合筑巢的地点。

2. 用蜘蛛丝将树皮贴上。

3. 围绕着中心，一点点地向上堆积。

4. 做成身体能完全钻进去的深度就完成了。

黑颏（ké）抚蜜鸟在两根树枝之间利用收集来的纤维筑巢。

> **动物简介**
>
> **黑颏抚蜜鸟**
> *Melithreptus gularis*
> 吸蜜鸟科 抚蜜鸟属
> 英文名：Black-chinned Honeyeater
> 全长：约17厘米
> 分布区：澳大利亚

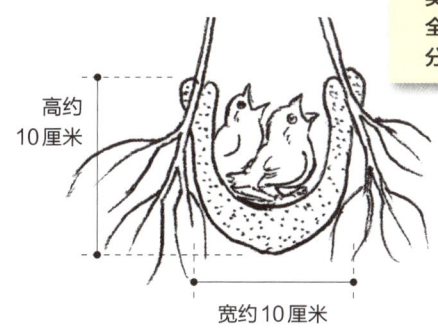

高约10厘米
宽约10厘米

灰胸扇尾鹟也是在树杈上利用纤维来筑巢的。

> **动物简介**
>
> **灰胸扇尾鹟**
> *Rhipidura rufidorsa*
> 扇尾鹟科 扇尾鹟属
> 英文名：Rufous-backed Fantail
> 全长：约13厘米
> 分布区：印度尼西亚到巴布亚新几内亚

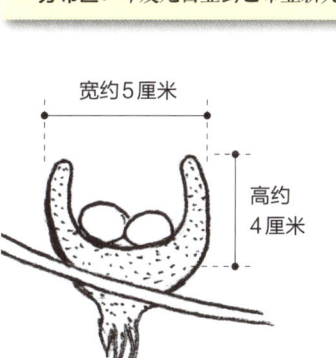

宽约5厘米
高约4厘米

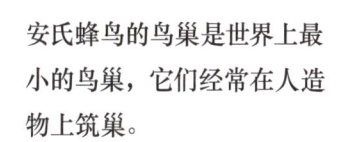

安氏蜂鸟的鸟巢是世界上最小的鸟巢，它们经常在人造物上筑巢。

> **动物简介**
>
> **安氏蜂鸟**
> *Calypte anna*
> 蜂鸟科 安氏蜂鸟属
> 英文名：Anna's Hummingbird
> 全长：约10厘米
> 分布区：北美洲西海岸

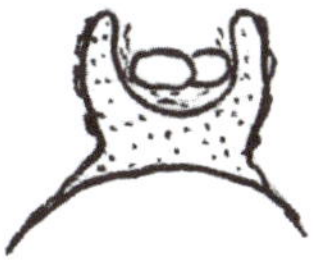

鸟巢高约2.5厘米，宽3.8~5.1厘米。

还有同样使用蜘蛛丝，但不是用蛛丝黏合，而是用蛛丝缝起来的鸟巢。

用蜘蛛丝缝叶子来筑巢

长尾缝叶莺用蜘蛛丝将叶片缝成筒状，
然后用草的纤维或稻穗等筑成杯形鸟巢。
它们选择建造鸟巢的位置多在叶子密集的地方，所以很难被发现。

动物简介

长尾缝叶莺

Orthotomus sutorius

扇尾莺科 缝叶莺属
英文名： Common Tailorbird
全长： 约15厘米
分布区： 东南亚等

长尾缝叶莺身上橄榄绿色的尾羽很长，头顶是红色的，非常醒目。它们有好听的啼鸣声。因为会使用蜘蛛丝缝树叶筑巢，其英文名中的 Tailorbird 由此而来，也常被称为"裁缝鸟"。

各种缝制的方法

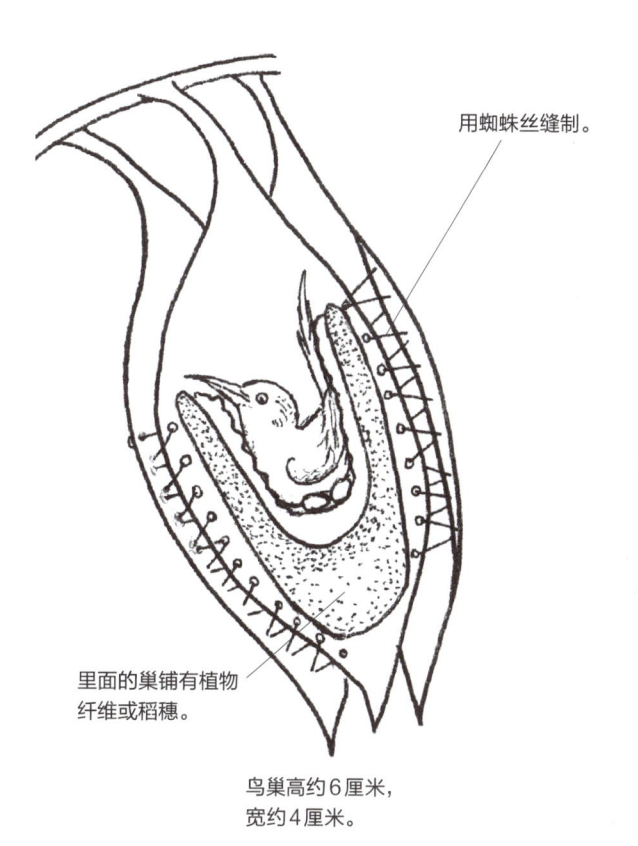

用蜘蛛丝缝制。

里面的巢铺有植物纤维或稻穗。

鸟巢高约6厘米，宽约4厘米。

将一片叶子卷起来。

将两片叶子卷起来缝成筒状。

把三片以上的叶子缝起来的状态。

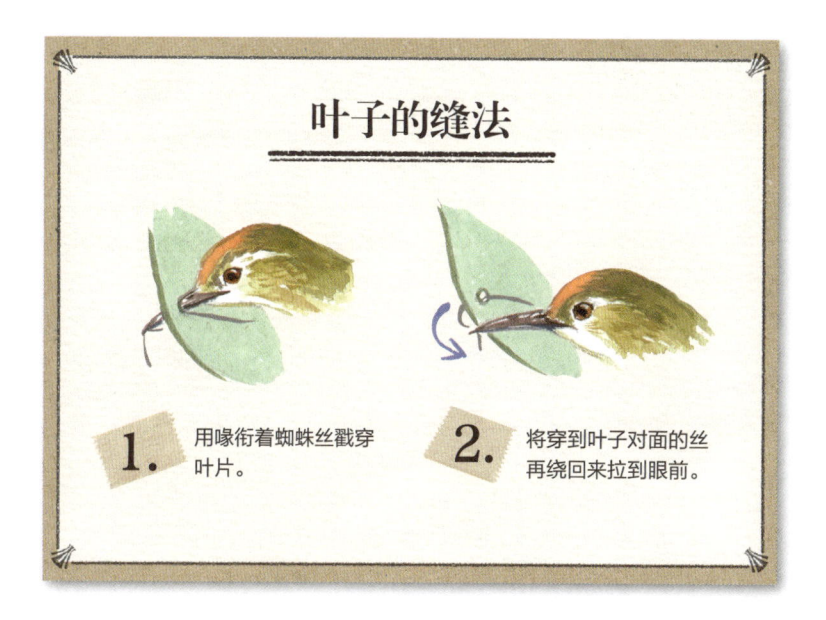

叶子的缝法

1. 用喙衔着蜘蛛丝戳穿叶片。

2. 将穿到叶子对面的丝再绕回来拉到眼前。

日本也有用蜘蛛丝缝树叶的鸟。

129

日本的"裁缝鸟"

栖息在河边、草地等地的棕扇尾莺，雄鸟会用蜘蛛丝将叶子缝成筒状。如果缝得好看，雌鸟很中意，就会将植物的穗填进去，筑成袋状的鸟巢。

动物简介

棕扇尾莺

Cisticola juncidis

扇尾莺科 扇尾莺属
英文名：Zitting Cisticola
全长：约13厘米
分布区：广泛分布在欧洲南部、非洲，以及包括日本在内的亚洲、澳大利亚北部

棕扇尾莺比麻雀还小，栖息在河边或草原上。它们会边飞边叫，叽叽喳喳，而一旦隐藏在草丛中就很难发现它们的踪影。这种鸟有将两脚分别跨在两根草茎上的习性。

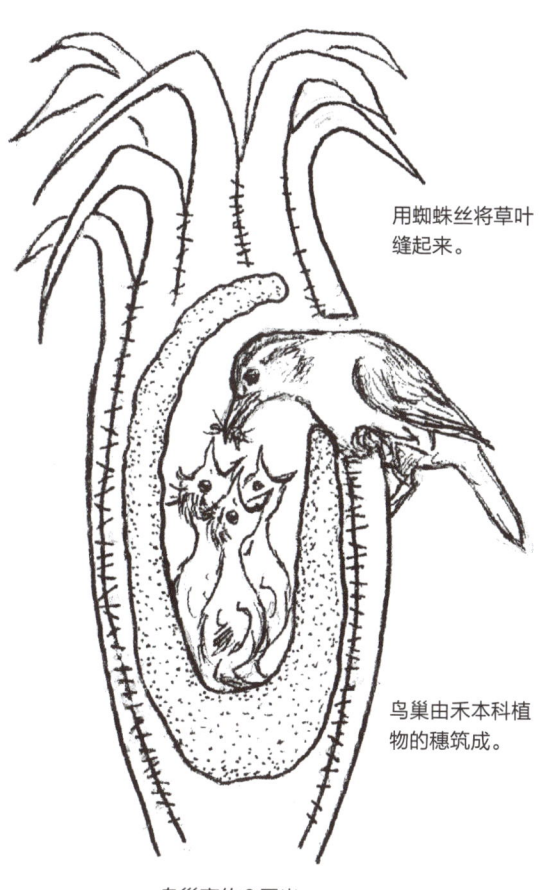

用蜘蛛丝将草叶缝起来。

表面几乎看不到蛛丝。

鸟巢由禾本科植物的穗筑成。

从内侧看就知道是用蜘蛛丝缝制的。缝法与缝纫中的"暗缝"相同。

鸟巢高约9厘米，宽约5厘米。

筑巢的方法

1. 雄鸟用脚按着将叶子拉在一起，用蜘蛛丝缝合。

2. 叶子缝成筒状后，雌鸟会过来验收。

3. 如果中意雄鸟的成果，雌鸟就会运来茅草穗填入其中，筑成袋状的鸟巢。

也有缝在大片叶子背面的鸟巢。

131

缝在叶子背面的鸟巢

小黄耳捕蛛鸟会在香蕉叶等大片下垂的叶子背面,用蜘蛛丝将筒状的鸟巢缝在上面。

香蕉叶很大,因此天敌很难发现,还可以用来遮雨。

用蜘蛛丝将植物纤维缝在叶子上。

动物简介

小黄耳捕蛛鸟
Arachnothera chrysogenys
太阳鸟科 捕蛛鸟属
英文名: Yellow-eared Spiderhunter
全长: 约15厘米
分布区: 东南亚

小黄耳捕蛛鸟是分布在东南亚亚热带与热带地区平地林、山地林、红树林等地的小鸟。如其名,它们会用大而细长、尖如钩子般的喙捕食小昆虫和蜘蛛(所以其英文名中有Spiderhunter一词)。

巾冠拟鹂和长尾隐蜂鸟在叶子背面缝的是碗形的鸟巢。

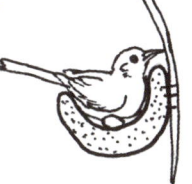

> **动物简介**
>
> **巾冠拟鹂** 
> *Icterus cucullatus*
> 拟鹂科 拟鹂属
> **英文名：** Hooded Oriole
> **全长：** 约19厘米
> **分布区：** 北美洲南部和墨西哥

鸟巢高约6厘米，宽约10厘米。

它们栖息在有猴子与蛇等天敌的热带雨林这样的严酷环境中。为了保护孩子，它们会选择合适的材料和地点来建造安全的鸟巢。

> **动物简介**
>
> **长尾隐蜂鸟**
> *Phaethornis superciliosus*
> 蜂鸟科 隐蜂鸟属
> **英文名：** Long-tailed Hermit
> **全长：** 约15厘米
> **分布区：** 南美洲北部

鸟巢高约9厘米，宽约3.5厘米。

住在自然环境越来越少的城市里，鸟类会筑什么样的巢穴呢？

133

城市中的鸟儿如何筑巢

栖息在城市里的乌鸦，会用铁丝衣架等人类丢弃的垃圾代替树枝筑巢。

将衣架弄弯，卡在树干上，这样鸟巢就不会掉落。

动物简介

大嘴乌鸦
Corvus macrorhynchos
鸦科 鸦属
英文名： Large-billed Crow
全长： 约56厘米
分布区： 广泛分布在包括日本在内的亚洲

在城市以外的地方，它们则会使用树枝堆出一个外环，中央用植物纤维和树皮来做鸟巢。

栗耳短脚鹎（bēi）会用植物的藤蔓等细长的材料筑巢，不过最近它们也常会使用人类丢弃的塑料绳来筑巢。

> **动物简介**
>
> **栗耳短脚鹎**
> *Hypsipetes amaurotis*
> 鹎科 短脚鹎属
> 英文名：Brown-eared Bulbul
> 全长：约28厘米
> 分布区：日本和亚洲的部分地区

不使用人工材料建造的鸟巢。

暗绿绣眼鸟在没有青苔等筑巢材料的地方，也会使用塑料绳等人工材料筑巢。

> **动物简介**
>
> **暗绿绣眼鸟**
> *Zosterops japonicus*
> 绣眼鸟科 绣眼鸟属
> 英文名：Japanese White-eye
> 全长：约12厘米
> 分布区：日本和亚洲的部分地区

不使用人工材料建造的鸟巢。

在自然环境越来越少的城市里，鸟类为了孕育新生命也是费尽心思来建造鸟巢。

动物们不仅会筑巢，有时还会做出一些奇特有趣的东西。

会筑造"亭子"的鸟类

在澳大利亚与新几内亚岛，大约栖息着20种园丁鸟。
雄性园丁鸟会筑一种非鸟巢的"亭子"向雌鸟求爱。如果雌鸟喜欢雄鸟筑的"亭子"，就会跟它交配。
园丁鸟只有雌鸟筑巢，并养育雏鸟。雄鸟一年到头都全身心地投入到"亭子"的美化工作。

这是栖息在新几内亚岛的黄胸大亭鸟建的"亭子"。它们会收集大量的树枝，筑成四个具有弧度的墙壁，并在当中摆满红色或蓝色的果实或石头。

动物简介

黄胸大亭鸟

Chlamydera lauterbachi

园丁鸟科 大亭鸟属
英文名： Yellow-breasted Bowerbird
全长： 约28厘米
分布区： 新几内亚岛

黄胸大亭鸟是一种为了求爱而建造"亭子"的园丁鸟。雄鸟从胸部到腹部都是黄色，雌鸟的颜色略暗。筑造"亭子"的步骤是先用树枝做出四壁，然后在当中摆满红色和蓝色的果实或石头等。

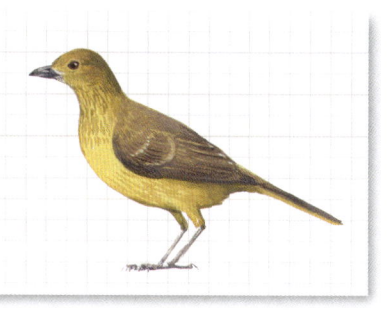

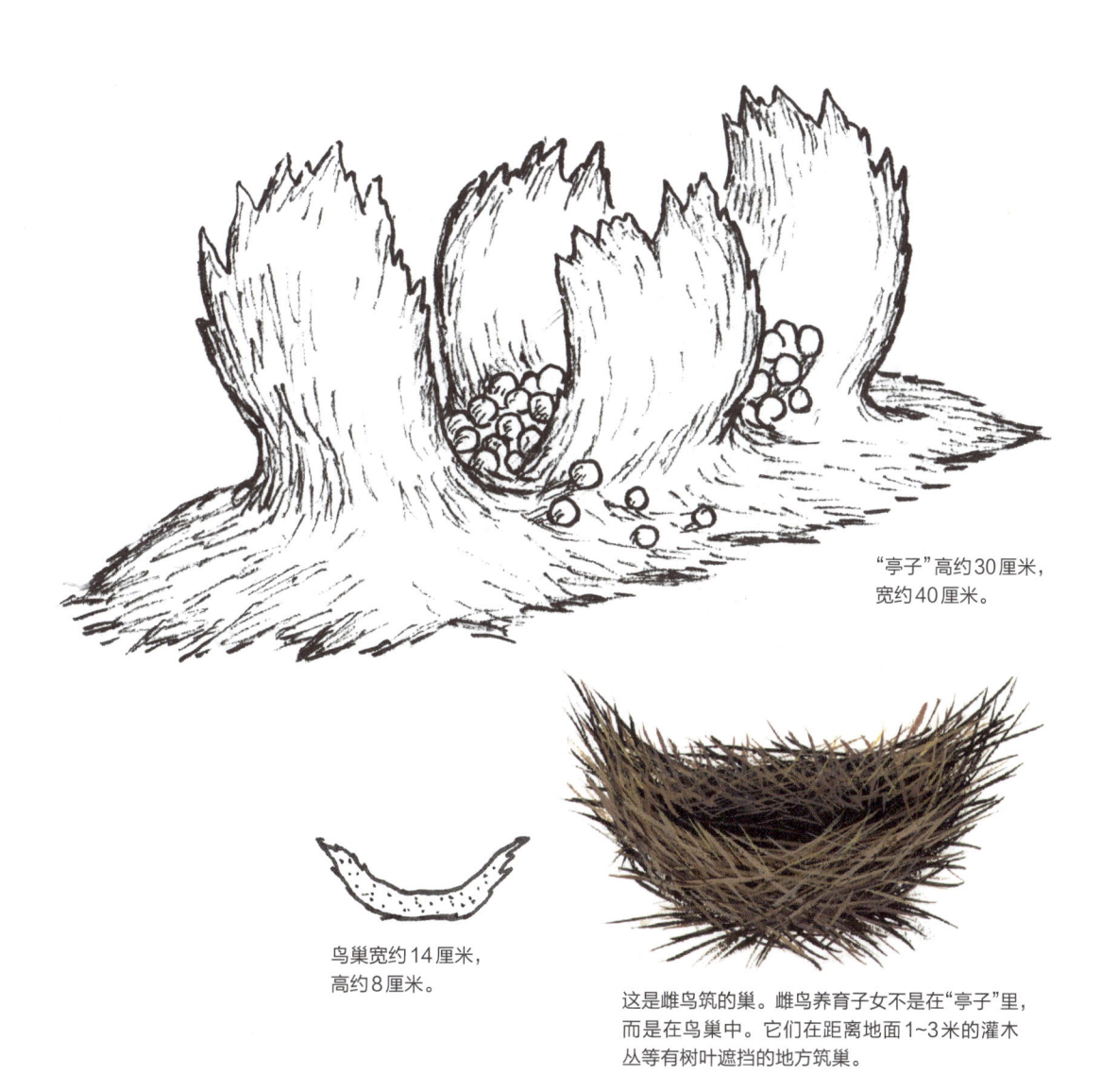

"亭子"高约30厘米，宽约40厘米。

鸟巢宽约14厘米，高约8厘米。

这是雌鸟筑的巢。雌鸟养育子女不是在"亭子"里，而是在鸟巢中。它们在距离地面1~3米的灌木丛等有树叶遮挡的地方筑巢。

园丁鸟的种类很多，不同种类会做出不同的"亭子"。

喜欢收集蓝色物品的收藏家

缎蓝园丁鸟建的"亭子",是将收集的小树枝立在地面上,做出两面弧形的墙壁,然后在四周放上各种各样蓝色的物品。

靠近两个曲面,观察内部,会有一种身在鸟巢的错觉。

据说全身蓝色羽毛的雄鸟,为了向雌鸟展示自己很健康,才会收集大量蓝色的物品,来吸引雌鸟。

动物简介

缎蓝园丁鸟
Ptilonorhynchus violaceus
园丁鸟科 园丁鸟属
英文名: Satin Bowerbird
全长: 约32厘米
分布区: 澳大利亚和新西兰

缎蓝园丁鸟是一种为了求偶而筑"亭子"的园丁鸟。雄鸟全身闪耀深蓝色的光泽,雌鸟的羽毛带点绿色,虹膜是鲜艳的蓝色。

宽20~30厘米

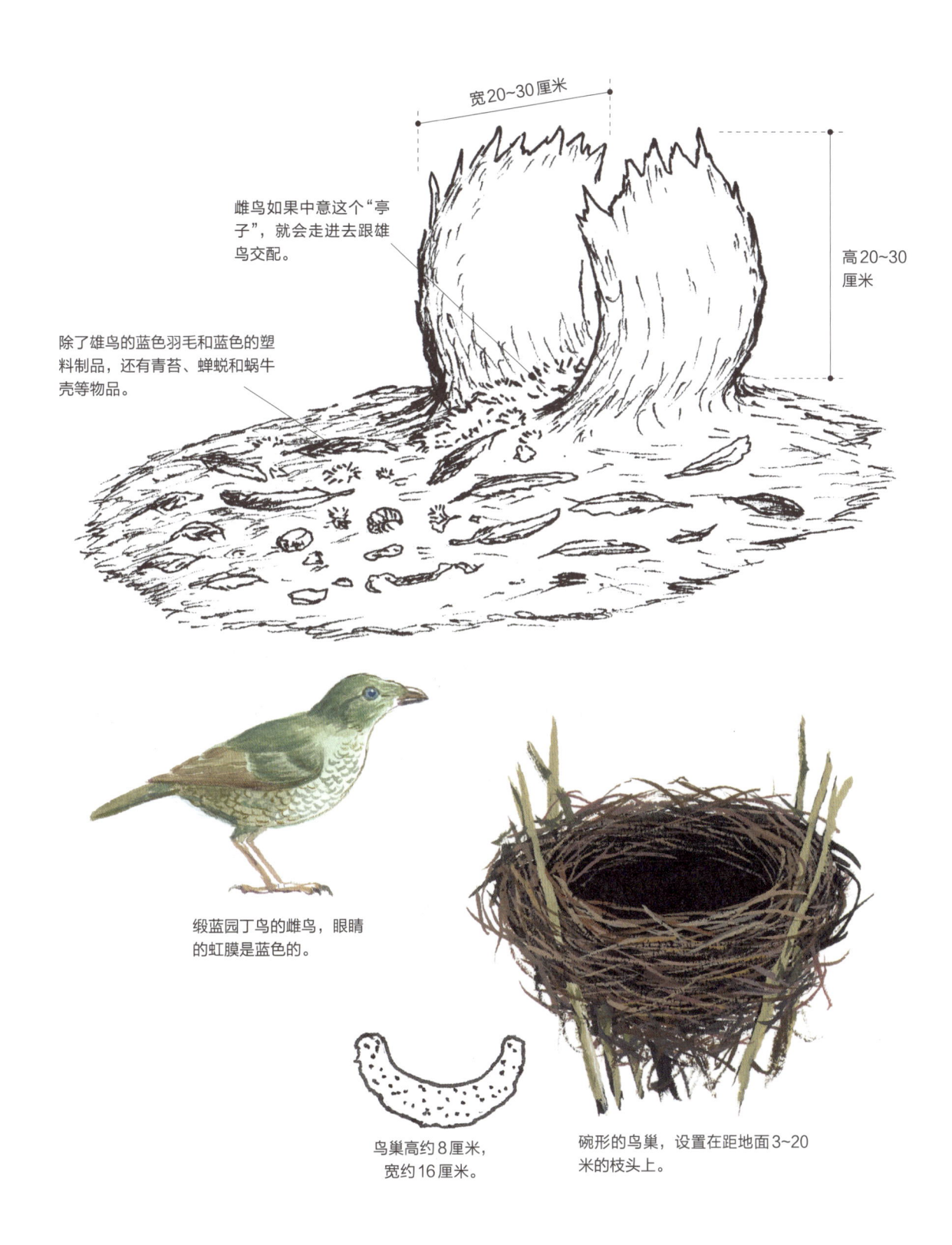

高20~30厘米

雌鸟如果中意这个"亭子"，就会走进去跟雄鸟交配。

除了雄鸟的蓝色羽毛和蓝色的塑料制品，还有青苔、蝉蜕和蜗牛壳等物品。

缎蓝园丁鸟的雌鸟，眼睛的虹膜是蓝色的。

鸟巢高约8厘米，宽约16厘米。

碗形的鸟巢，设置在距地面3~20米的枝头上。

还有加高基座的"亭子"。

139

加高基座的"亭子"

浅黄胸大亭鸟的"亭子"跟缎蓝园丁鸟（P138）的一样，都有两面弧形的墙壁，但是它的"亭子"基座很高。因为住在海边，为了不让"亭子"被涨潮时的海水冲走，因此需要下不少工夫。"亭子"上面还会用绿色植物进行装饰。

动物简介

浅黄胸大亭鸟
Chlamydera cerviniventris
园丁鸟科 大亭鸟属
英文名： Fawn-breasted Bowerbird
全长： 约29厘米
分布区： 新几内亚岛和澳大利亚东北部

浅黄胸大亭鸟也是一种为求偶而筑"亭子"的园丁鸟。雄鸟上部的羽毛是灰色的，羽毛的边缘是白色的，很显眼，下腹是淡橙色的。雌鸟的羽毛跟雄鸟基本同色，身材略小。浅黄胸大亭鸟建的"亭子"，是在树枝堆积成的基座上建弧形的墙壁，再用绿色植物装饰。

宽约40厘米

雌鸟一旦进入"亭子"中，就意味着同意与雄鸟交配。

用绿色植物装饰。

基座高约30厘米。"亭子"高约80厘米，宽约40厘米。

基座经过加高。

浅黄胸大亭鸟在海边的红树林等地筑"亭子"。为了不被水冲走，要刻意加高基座。

碗形的鸟巢。在距离地面1~2米处用树枝筑成。

高约8厘米

宽约17厘米

还有像隧道一样的"亭子"。

141

像隧道一样的"亭子"，
搭配很多蜗牛壳

大亭鸟会收集大量树枝，造一个圆柱形像隧道一样的"亭子"。
"亭子"中会放很多白色的蜗牛壳，乍一看，还以为是放在巢中的鸟蛋。外侧也有大量蜗牛壳或小动物的白骨，看起来就像巢中有很多鸟蛋滚出鸟巢一样。

它们也会放少量粉紫色的物品。
因为大亭鸟的雄鸟后脑勺有一撮粉色羽毛，这种仿佛宣告着"这是我的杰作"的行为，就像艺术家在自己的作品上签名一样。

动物简介

大亭鸟

Chlamydera nuchalis

园丁鸟科 大亭鸟属

英文名：Great Bowerbird
全长：约36厘米
分布区：澳大利亚北部

大亭鸟也是一种为求偶而筑"亭子"的园丁鸟。雄鸟全身的羽毛呈褐色或灰色，很朴素。不过后脑勺上有一撮粉紫色羽毛，非常显眼。雌鸟基本上也是同样的颜色，但后脑上没有粉紫色羽毛。大亭鸟建的"亭子"是像隧道一样的圆柱形。

"亭子"高约40厘米，宽为50~100厘米。

鸟巢高约8厘米，宽约15厘米。

大亭鸟的鸟巢是个略粗陋的碗形，筑在距离地面1.5~5米、枝繁叶茂的树上。

还有外观更像鸟巢和鸟蛋的"亭子"。

与鸟巢和鸟蛋十分相似的"亭子"

黄头辉亭鸟的"亭子"看起来就像是原本平躺的鸟巢立了起来。雄鸟为了表现"亭子"中有鸟蛋的样子,在其中放置蜗牛壳。这种蜗牛壳,连纹路都与鸟蛋极为相似。

真正的鸟蛋,与蜗牛壳的纹路十分相似。

鸟巢位于距地面1～10米,枝繁叶茂的树上。"亭子"就像鸟巢竖起来的形状。

鸟巢高约30厘米,宽15~20厘米。

动物简介

黄头辉亭鸟

Sericulus chrysocephalus

园丁鸟科 辉亭鸟属
英文名：Regent Bowerbird
全长：约24厘米
分布区：澳大利亚东部

黄头辉亭鸟是一种为求偶而筑"亭子"的园丁鸟。雄鸟的羽毛颜色有黑色、黄色和橙色，对比十分强烈。雌鸟是朴素的灰褐色。黄头辉亭鸟的"亭子"是用树枝编成的，就像鸟巢竖起来的样子。

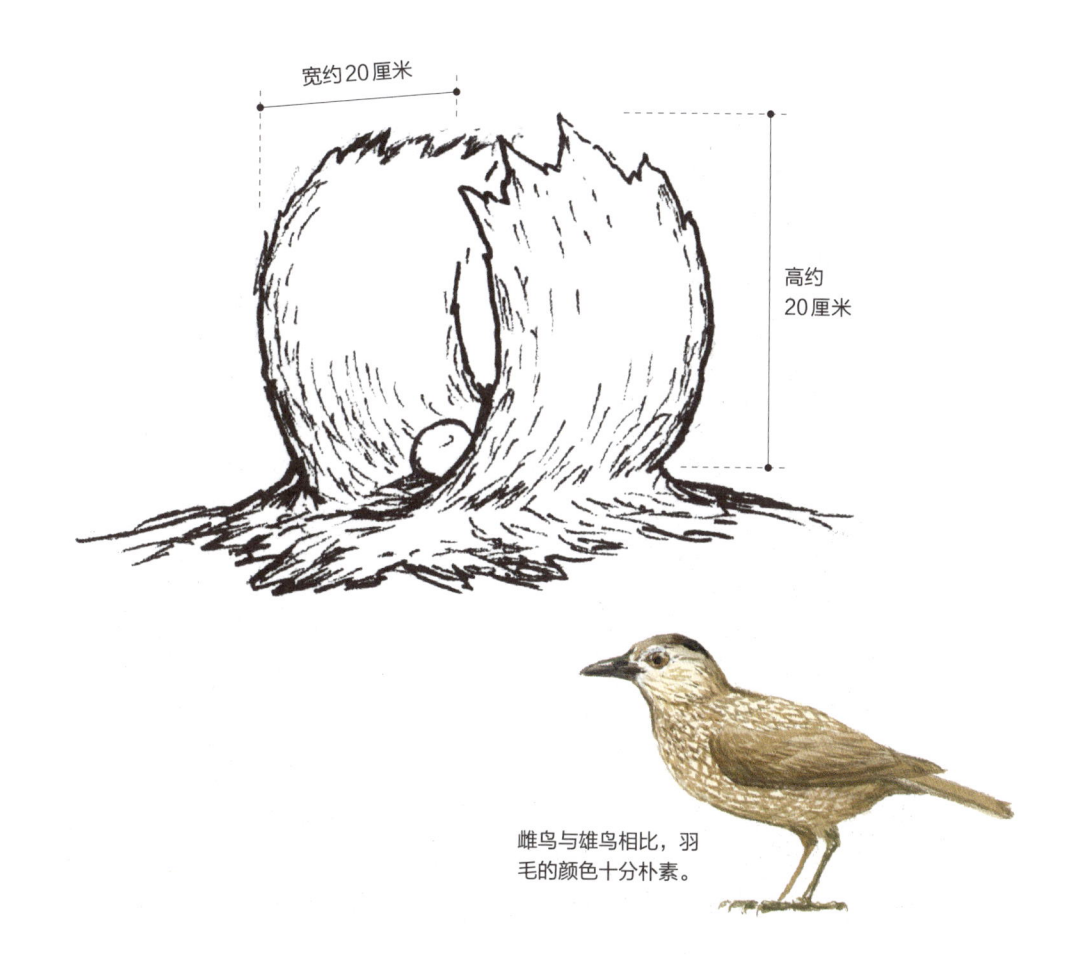

宽约20厘米

高约20厘米

雌鸟与雄鸟相比，羽毛的颜色十分朴素。

在园丁鸟栖息的地域，没有食肉天敌，气候温暖，食物也丰富，所以筑巢和养育后代单靠雌鸟就能完成。

但是，雄鸟也有"筑巢与养育后代"的天性，也许是出于这个原因，它们才会建造吸引雌鸟的"亭子"。

还有像两座高塔一样的"亭子"。

像两座高塔一样的"亭子"

金亭鸟的雄鸟会在倒下的树木上装饰青苔和花，
然后在两侧的两根枝干上堆积大量树枝建造"亭子"。
乍一看，就像建了两座高塔一样。

雌鸟将鸟巢筑在大树的树洞等狭小的空间里。
与雄鸟建造高塔的行为相比，雌鸟只需一个小小的
树洞就能筑巢，或许是因为这样感觉更舒适吧。

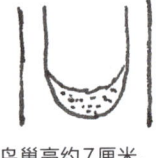

鸟巢高约7厘米，
宽约12厘米。

动物简介

金亭鸟
Prionodura newtoniana
园丁鸟科 金亭鸟属
英文名： Golden Bowerbird
全长： 约24厘米
分布区： 澳大利亚东北部

金亭鸟是一种为求偶而筑"亭子"的园丁鸟。雄鸟如其名，黄金一般的金色羽毛和橄榄褐色的羽毛交织在一起，十分显眼。雌鸟的羽毛颜色则很单调。金亭鸟利用倒下的树木建造"亭子"——在两侧堆积树枝而成，并装饰青苔或花朵。

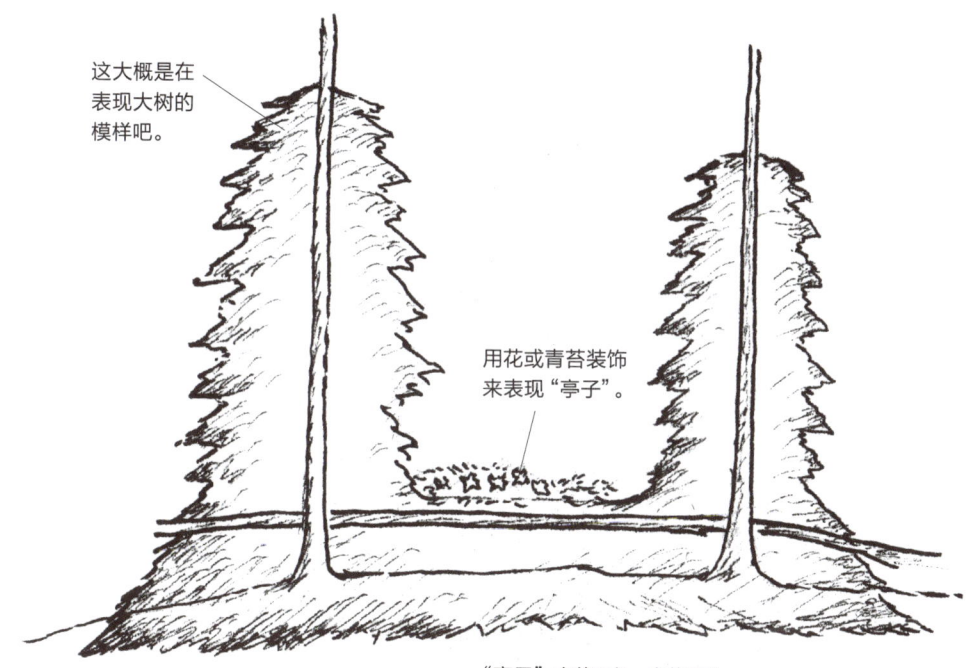

这大概是在表现大树的模样吧。

用花或青苔装饰来表现"亭子"。

"亭子"高约2米，宽约2米。

和雄鸟相比，雌鸟的颜色十分朴素。

还有像圣诞树一样的"亭子"。

147

像圣诞树一样的"亭子"

冠园丁鸟会在一棵树的周围垒上一圈青苔,并造成庭院的样子,
然后在中心的树上插满树枝,又在树枝上挂些苔藓和昆虫。
它们造的"亭子"看起来就像圣诞树一样。

> **动物简介**
>
> **冠园丁鸟**
> *Amblyornis macgregoriae*
> 园丁鸟科 褐色园丁鸟属
> **英文名：** Macgregor's Bowerbird
> **全长：** 约25厘米
> **分布区：** 新几内亚岛

冠园丁鸟是一种为求偶而筑"亭子"的园丁鸟。雄鸟全身的羽毛基本都是橄榄褐色，后脑勺上有一撮黄色羽毛。雌鸟的颜色几乎与雄鸟一样，只不过后脑上没有黄色羽毛。冠园丁鸟的雄鸟擅长模仿其他鸟的鸣叫声。它们的"亭子"是通过给一棵树做装饰装点而成的。

雌鸟与雄鸟的羽毛颜色几乎相同，只是后脑上没有像皇冠一样的黄色羽毛。

"亭子"高约120厘米，宽约120厘米。

像甜甜圈形状的鸟巢。建造于距地面1~2.5米高的枝头上。

鸟巢高约8厘米，宽约12厘米。

还有像人类住处一样的"亭子"。

149

像帐篷一样的大"亭子"

褐色园丁鸟造"亭子"之前，会先将地面打扫干净，而后收集植物的茎做成半球形具有屋顶的"建筑物"，并在出入口和里面摆放各种颜色的果实、昆虫、苔藓和树叶等。

每种颜色都单独堆放，整齐地摆好，就像店铺里陈列的商品一样，会让雌鸟想进去看看。

动物简介

褐色园丁鸟

Amblyornis inornata

园丁鸟科 褐色园丁鸟属

英文名：Vogelkop Bowerbird
全长：约25厘米
分布区：新几内亚岛

褐色园丁鸟是一种为求偶而筑"亭子"的园丁鸟。雌鸟和雄鸟的颜色差不多，全身都是褐色。雄鸟擅长模仿其他鸟的鸣叫声。褐色园丁鸟的"亭子"是一个巨大的半球形，当中摆放着色彩斑斓的花草、果实和人工制品等，依照颜色整齐排列。

"亭子"高约100厘米，宽120~160厘米。

雌鸟与雄鸟的颜色差不多。

碗形的鸟巢。在距地面1~2.5米的枝头上筑巢。

鸟巢高约8厘米，宽约13厘米。

还有非常简单的"亭子"。

极简风格的"亭子"

齿嘴园丁鸟的雄鸟会将地面打扫干净，然后衔上许多片植物的叶子并翻转过来放在地面上。
叶子的背面偏白，看起来也比较显眼。这种"亭子"建起来非常简单。
在昏暗的森林里，这样的"亭子"明亮而显眼。

> **动物简介**
>
> **齿嘴园丁鸟**
> *Scenopoeetes dentirostris*
> 园丁鸟科 齿嘴园丁鸟属
> **英文名**：Tooth-billed Bowerbird
> **全长**：约26厘米
> **分布区**：澳大利亚东北部

齿嘴园丁鸟的雄鸟是一种为求偶筑"亭子"的园丁鸟。雌鸟和雄鸟的颜色差不多，都是上面为橄榄褐色，下面为白色，还有灰褐色的细小竖斑。齿嘴园丁鸟建的"亭子"非常简单，是在打扫干净的树下，将特定植物的叶子翻过来摆放好。

它们会摆放20~100片翻过来的树叶。如果你搞恶作剧，将树叶都翻回去，它们会再翻过来。如果混进其他种类的树叶，它们也会将其挑出去。

宽约1~3米

碗形鸟巢。鸟巢位于各种高树或藤蔓茂盛的地方。

鸟巢高约8厘米，宽约13厘米。

园丁鸟类为什么要造"亭子"呢？

153

在园丁鸟栖息的地域，有种色泽非常鲜艳的鸟类叫作"极乐鸟"（风鸟类），它们跳着华丽的舞蹈向雌鸟求爱。

阿法六线风鸟

Parotia sefilata

极乐鸟科　六线风鸟属
英文名：Western Parotia

极乐鸟的雄鸟为了让自己更显眼，会将森林的地面打扫干净并在上面跳舞。不过这样不仅会引起雌鸟的注意，也容易让雕之类的天敌发现，被袭击的可能性大幅度增加。

园丁鸟造"亭子"的理由

园丁鸟的雄鸟，也许是想用"亭子"来代表自己，吸引雌鸟的注意，这是种比较安全的做法。

园丁鸟造"亭子"的理由

想向雌鸟求爱

想给雏鸟喂食

想让雌鸟知道自己身体健康

想筑巢的天性

它们带着"想筑巢""想给雏鸟喂食""想向雌鸟求爱""想让雌鸟产卵，留下更多后代"等想法造了"亭子"。虽然它们建的不是真正的鸟巢，但是表达了孕育后代的心意。

为了哺育生命，
还有一种动物创造了各种各样的东西，
那就是……

我们人类

很久以前人类就会使用工具和火。

之后，为了吃东西而创造了工具和餐具；为了御寒而创造了衣服；为了安心居住而创造了"家"；为了获得定期的食物便开始耕田、饲养家畜。后来，为了运送货物而创造了车等移动工具；为了传达自己的想法而创造了文字；为了让心境平和而创造了宗教与艺术，甚至还制造了电力等能源……

在这个世界上，有大量的东西被创造出来。

追本溯源，也许不过是动物为了抚育新生命，而建造各种各样"巢穴"的延伸。

动物简介

智人
Homo sapiens
人科 人属
英文名： Man (Human being)

在地球上生存的，不只有我们人类。
在多样的环境中，各种各样的动物不需要谁教，本能地就会"筑巢"来抚育新生命。
这本书中介绍的仅仅是其中的一小部分，还有无数不筑巢的动物也生存于此。
衷心地希望，各种动物都能有一个能够让它们不断繁衍下去的生存环境。

索引

A
阿法六线风鸟·················154
暗绿绣眼鸟·················135
暗色家雉·················12-15
安氏蜂鸟·················127

B
巴西叩头甲虫·················104
白眉织雀·················44-45
白尾仙翡翠·················105
白蚁类·················100-104
北长尾山雀·················122-123
北美河狸·················20-23
鞭扇蛛·················120-121
扁船蛸·················53
变侧异腹胡蜂·················109

C
蟾蜍曲腹蛛·················121
长尾缝叶莺·················128-129
长尾隐蜂鸟·················133
长肢盖蛛·················119
锤头鹳·················10-11
巢鼠·················60-61
齿嘴园丁鸟·················152-153
磁石白蚁·················102-103

D
大斑啄木鸟·················91
大金织雀·················37
大食蚁兽·················105
大亭鸟·················142-143
大嘴乌鸦·················134
典型拉土蛛·················114-115
定居慎戎·················56-57
杜鹃科鸟类·················39
短嘴长尾山雀·················124
缎蓝园丁鸟·················138-139

F
非洲寿带·················125

G
狗獾·················70-71
冠园丁鸟·················148-149

H
褐拟椋鸟·················46-47
褐色盖皿蛛·················118-119
褐色园丁鸟·················150-151
黑长颈卷象·················93
黑喉精织雀·················37
黑颏抚蜜鸟·················127
黑脸织雀·················36-37
黑水鸡·················27
黑尾草原犬鼠·················76-77
黑猩猩·················105
红头编织雀·················38-39
獾·················70-71
黄斑原皿蛛·················119
黄猄蚁·················94-95
黄头辉亭鸟·················144-145
黄胸大亭鸟·················136-137
黄胸织雀·················34-35
黄腰酋长鹂·················48-49
厚嘴织雀·················30-31
灰蓝蚋莺·················125
灰胸扇尾鹟·················127

J
寄居蟹·················53
家燕·················83
角骨顶·················24-27
巾冠拟鹂·················133
金亭鸟·················146-147
金腰燕·················83

K
卡氏地蛛·················112-113
库页多刺鱼·················58-59
旷兔·················73

L
栗耳短脚鹎·················135
栗卷象·················92-93
丽鹰雕·················67
罗盘白蚁·················100-101
裸鼹形鼠·················74-75

M
美洲燕·················82
密河鼍·················16-17

N
南非织雀·····································32-33
南浣熊·······································66-67
南攀雀·······································42-43
牛头伯劳······································85

O
欧亚攀雀······································40-41

P
普通翠鸟··81

Q
浅黄胸大亭鸟································140-141
切叶蚁······································96-99
球白蚁····································104-105
狐獴··105
鹊鹩··84-85
群织雀··4-9

R
人类······································156-157
日本大黄蜂································110-111
日本红螯蛛····································121
日本睡鼠····································64-65
日本松鼠····································62-63
日本小鼹鼠··································68-69

● 参考文献

《会建筑的动物们》Mike Hansell（青土社）
《动物的建筑学》长谷川尧（讲谈社）
《动物们的"衣、食、住"学》今泉忠明（同文书院）
《巢穴大研究》今泉忠明（PHP）
《动物的分布区》（丸善股份公司）
《自然中 动物们的家园》（FROEBEL馆）
《周刊朝日百科 动物们的地球》（朝日新闻出版）
《动物大百科》（平凡社）
《地球生活记》小松义夫（福音馆书店）
《世界昆虫记》今森光彦（福音馆书店）
《昆虫的孩子们图鉴》（学研）
《动物也是建筑家 巢穴的设计》《蜂是工匠、设计师》《蜘蛛网》（INAX出版）
《世界上美丽透明的动物》《世界上最美的乌贼和章鱼图鉴》（X-Knowledge）
《切叶蚁 运营农业的奇迹动物》Bert Holldobler, Edward Osborne Wilson（飞鸟新社）
《完整版 鸟类照片图鉴》Colin Harrison, Alan Greensmith（日本VOGUE社）
ArchitekTier INGO ARDNT (Knesebeck) Ingo Arndt, Jürgen Tautz
Handbook of the birds of the world (Volume 1-16) Josep del Hoyo, Andrew Elliott etc. (Lynx Edicions)
Field guide to the birds of britain (Reader's Digest Association)
A guide to the nests and eggs of southern African birds WARWICK TARBOTON (Struik Publishers)
Bird Nests and Construction Behavior MIKE HANSELL(Cambridge University Press)

S
双角犀鸟····································88-89
水蛛······································116-117
斯马蜂··109
松鸦······································63, 91

T
条纹蛸······································52-53
土豚··105

W
蜗牛··53

X
橡树啄木鸟··································90-91
小黄耳捕蛛鸟··································132
小鹧鹚·····································28-29
穴兔··72-73
穴小鸮······································78-79

Y
崖沙燕···································80-81, 83
野猪··18-19
意大利蜂··································106-107
印度豪猪······································51
约马蜂····································108-109

Z
杂色澳鸦······································126
杂色山雀··91
住囊虫······································54-55
棕曲嘴鹪鹩······································50
棕扇尾莺··································130-131
棕灶鸟······································86-87
走鹃··51

梅花雀

图书在版编目（CIP）数据

动物的家超有趣！：铃木守的109种动物巢穴大揭秘／（日）铃木守著；黄文娟译. — 北京：中国青年出版社，2018.12（2022.7重印）

ISBN 978-7-5153-5345-6

I.①动⋯ II.①铃⋯ ②黄⋯ III.①动物-普及读物 IV.①Q95-49

中国版本图书馆CIP数据核字（2018）第232569号

版权登记号：01-2018-5319

IKIMONO TACHI NO TSUKURU SU 109
©MAMORU SUZUKI 2015
Original published in Japan in 2015 by X-Knowledge Co., Ltd.
Chinese (in simplified character only) translation rights arranged with
X-Knowledge Co., Ltd.

律师声明

北京默合律师事务所代表中国青年出版社郑重声明：本书由X-Knowledge授权中国青年出版社独家出版发行。未经版权所有人和中国青年出版社书面许可，任何组织机构、个人不得以任何形式擅自复制、改编或传播本书全部或部分内容。凡有侵权行为，必须承担法律责任。中国青年出版社将配合版权执法机关大力打击盗印、盗版等任何形式的侵权行为。敬请广大读者协助举报，对经查实的侵权案件给予举报人重奖。

侵权举报电话

全国"扫黄打非"工作小组办公室　　　　中国青年出版社
010-65233456　65212870　　　　　　　010-59231565
http://www.shdf.gov.cn　　　　　　　　E-mail: editor@cypmedia.com

动物的家超有趣！铃木守的109种动物巢穴大揭秘

作　　者：[日] 铃木守	
译　　者：黄文娟	
企　　划：北京中青雄狮数码传媒科技有限公司	印　　刷：北京瑞禾彩色印刷有限公司
主　　编：粉色猫斯拉-王颖	规　　格：787×1092　1/16
责任编辑：张军	印　　张：10
策划编辑：王颖　白峥	字　　数：171千
营销编辑：刘然	版　　次：2019年10月北京第1版
助理编辑：刘单	印　　次：2022年10月第6次印刷
书籍设计：彭涛	书　　号：978-7-5153-5345-6
出版发行：中国青年出版社	定　　价：78.00元
社　　址：北京市东城区东四十二条21号	
网　　址：www.cyp.com.cn	如有印装质量问题，请与本社联系调换
电　　话：（010）59231565	电话：（010）59231565
传　　真：（010）59231381	读者来信：reader@cypmedia.com
	投稿邮箱：author@cypmedia.com
	如有其他问题请访问我们的网站：http://www.cypmedia.com